Keisaku KUMAHARA
熊原啓作
＋
Motoshige OSHIKAWA
押川元重

初学 微分と積分

日本評論社

はじめに

微分積分とは何でしょう．微分とは量の変動を記述する一つの手法です．変動には時間とともに変化するものだけではなく，位置によって異なる値を示すもの，量により定まる状態など多くの事象があります．例えば天体の運動，植物の成長，物質の化学変化，水や空気の流れ，人口，株価，がんの増殖，震度の分布，位置による津波の高さなど数限りなくとりあげることができます．変動が関数で表されると，取られたデータ以外における量の推定，量の依存関係の解明，計画，設計などに役立ちます．その関数が未知であっても関数の満たす関係式が知られることもあります．その多くは微分方程式という形で与えられます．そこに現れる微分方程式は，それぞれの事象に関わる原理と呼ばれるものになっています．関数の極めて短区間における変化の度合いが微分です．

積分は微分の逆であり，小さく分けたものを足し合わせるという意味があり，微分方程式の解法に使われますが，その手法は面積や体積を求めたり，確率を定義することに使われます．

本書はこのような微分積分を初めて学ぶ人，初めて学ぶに等しい人，学んだことはあるが初めて学ぶように学び直したいと思う人を対象にしています．微分積分は高等学校で教えられますが，全くの初歩で終わるコースと将来理工系の大学での学習につなげるコースがあります．本書は全くの初歩から始めますが大学初年級で教えられる内容を含んでいます．微分積分が自然や社会の理解に必要なものであることを理解していただくことを目指して書きましたが，できるだけページ数を増やさないというもう一つの作業目標との兼ね合いで深くは踏み込むことはできませんでした．

本書の内容は 1 変数関数の微分積分学です．物事は多くの要因に依存し関連しています．そのすべてを考慮に入れれば複雑すぎます．無視できるものは無視し，省略できるものは省略していくつかの要因に絞り，その依存関係を調べます．ここでは特に一つの要因だけに着目し，それを 1 変数関数として表し，その増加減少，最大値最小値などを調べることにします.

微分積分の議論を展開するには，初等関数と呼ばれる指数関数，対数関数，三角関数，逆三角関数が必要になります．これらについて，基本的な性質を説明します.

さらに具体的な事象をいくつか取り上げ，それを微分方程式で表し，事象を表示する関数を求めます．そのために必要な事柄をいくつかの章で解説します.

微分積分学の初歩という性格上イプシロン・デルタ論法を用いた論理的厳密な取り扱いはさけましたが，その定義と意味は説明します.

本書は放送大学の教材『初歩からの微積分』(2006 年) と『微分と積分』(2010 年) をもとに書き直したものです．そのため大学における教科書として使われることを意識して書かれています．全体を，あるいは章を組み合わせることによって，経済・社会などを含む人文・社会系や医・歯・薬・農学などの生物系，場合によってはコンピュータ関連の学部や専門学校でも教科書となりうると思われます.

しかしながら，他の成書を参照しなくても学習できるよう心がけ，初等的すぎることを躊躇せずに書きましたので，自習用として使うことができるようになっています.

2017 年 2 月 1 日
著者

目 次

記号

記号	説明
$a \in A$	a は A の要素
$A \cup B$	A と B の和集合
$A \cap B$	A と B の共通部分
$\varnothing$	空集合
$B \subset A$	B は A の部分集合
$A \backslash B$	差集合 $\{x \mid x \in A,\ x \notin A\}$
$\mathrm{P} = (x,\ y)$	$(x,\ y)$ は P の座標
$A^{\sim}$	実数の集合 A の上界の全体
$A_{\sim}$	実数の集合 A の下界の全体
$\sup A$	実数の集合 A の上限
$\inf A$	実数の集合 A の下限
$\max A$	実数の集合 A の最大値
$\min A$	実数の集合 A の最小値
$\mathbb{N}$	自然数の全体
$\mathbb{Z}$	整数の全体
$\mathbb{Q}$	有理数の全体
$\mathbb{R}$	実数の全体
$\mathbb{C}$	複素数の全体
$n!$	n の階乗
${}_nP_k$	n 個のものからの k 個の順列の数
${}_nC_k$	n 個のものからの k 個の組合せの数
$\dbinom{\alpha}{k}$	二項係数
e	自然対数の底
$\displaystyle\lim_{x \to a} f(x)$	x が限りなく a に近づくときの $f(x)$ の極限値
$f(x) \to A \quad (x \to a)$	$\displaystyle\lim_{x \to a} f(x) = A$
$\displaystyle\lim_{x \to a+0} f(x)$	右極限値
$\displaystyle\lim_{x \to a-0} f(x)$	左極限値

記号	説明
$\lim_{n\to\infty} a_n$	n が限りなく大きくなったときの数列 $\{a_n\}$ の極限値
$a_n \to a \quad (n\to\infty)$	$\lim_{n\to\infty} a_n = a$
a^x, e^x	指数関数
$\log_a x$, $\log x$	対数関数
$\overline{z}$	複素数 z の共役複素数
$\lvert z\rvert$	複素数 z の絶対値
$\arg z$	複素数 z の偏角
$\sin x$	サイン関数 (正弦関数)
$\cos x$	コサイン関数 (余弦関数)
$\tan x$	タンジェント関数 (正接関数)
$\sin^{-1} x$	アークサイン関数 (逆正弦関数)
$\cos^{-1} x$	アークコサイン関数 (逆余弦関数)
$\tan^{-1} x$	アークタンジェント関数 (逆正接関数)
$f'(a)$, $\dfrac{df}{dx}(a)$	関数 $f(x)$ の $x=a$ における微分係数
$f'(x)$, $\dfrac{df}{dx}(x)$	関数 $f(x)$ の導関数
$\dfrac{dy}{dx}$, y'	関数 $y=f(x)$ の導関数
$f\circ g$	f と g の合成関数
$\dfrac{d^2y}{dx^2}$, y'', $\dfrac{d^2f}{dx^2}(x)$, $f''(x)$	関数 $y=f(x)$ の第 2 次導関数
$\dfrac{d^ny}{dx^n}$, $y^{(n)}$, $\dfrac{d^nf}{dx^n}(x)$, $f^{(n)}(x)$	関数 $y=f(x)$ の第 n 次導関数
$o(x-a)$	$x-a$ より高位の無限小
$\displaystyle\int f(x)dx$	$f(x)$ の不定積分
$W[f, g](x)$	$f(x)$ と $g(x)$ のロンスキアン
$\displaystyle\int_a^b f(x)dx$	$f(x)$ の a から b までの定積分
$\displaystyle\sum_{k=1}^{n} a_k$	$a_1, a_2, \cdots, a_n$ の級数 $a_1+a_2+\cdots+a_n$
$\displaystyle\sum_{n=1}^{\infty} a_n$	無限数列 $a_1, a_2, \cdots, a_n, \cdots$ の級数

本文中の記号 □ は証明の終わりを，記号 ◇ は例の終わりを示す．

ギリシャ文字

大文字	小文字	発音	大文字	小文字	発音
A	α	アルファ	N	ν	ニュー
B	β	ベータ	Ξ	ξ	クシー，グザイ
Γ	γ	ガンマ	O	o	オミクロン
Δ	δ	デルタ	Π	π, ϖ	パイ
E	ε, ϵ	イプシロン，エプシロン	P	ρ	ロー
Z	ζ	ゼータ，ツェータ	Σ	σ, ς	シグマ
H	η	イータ，エータ	T	τ	タウ
Θ	θ, ϑ	シータ，テータ	Υ	υ	ウプシロン
I	ι	イオタ	Φ	φ, ϕ	ファイ
K	κ	カッパ	X	χ	カイ
Λ	λ	ラムダ	Ψ	ψ	プサイ，プシー
M	μ	ミュー	Ω	ω	オメガ

数学を学ぶヒント

数学の特徴の一つは抽象的であるということです．そのため，学ぶ対象の具体的なイメージが浮かばず，何を勉強しているのか分らなくなることがあると思います．それぞれの数学は計算の羅列や問題集ではありません．対象の構造や関係を明らかにしようとしています．構造物を理解するためにはその材料と組み立て方，全体像を知らなければなりません．

材料は定義によって与えられます．それぞれの材料は抽象的に定義されますが，それらは具体的なものの抽象です．具体物のほとんどは数学的対象ですから目に見えるわけではありませんが，もともとは数，図形，関数，集合などから出発しています．定義を頭に入れておかなければ，どのようなお話が展開しているのか分からなくなります．

組み立て方は基本的には論理の積み重ねです．論理が途切れると，見当違いの結論が出てくる可能性もあります．本を読む基本的姿勢は 1 行 1 行の論理をたどり，飛躍があると思われるところでは，自分でそのギャップを埋めながら進みます．しかし，最初から厳密にこの方法を守っていると，すぐに行き詰まってしまうでしょう．そういうところはまずは跳ばして先に進み，あとで振り返るようにします．前もって全体像 (目標) を理解するには，まえがき，あとがき，目次など読んで把握しますが，終わりまで読まなければ理解できないこともあります．場合によっては本の後ろから読むこともあります．しかし，入門書の場合は最後の目標があるというより，本全体を通じてその分野の素材と基本的な手法を解説します．本書は全く初めての人を対象としたそのような入門書です．

分からないことが理解できたとき，問題が解けたとき，計算がうまくいって結果が得られたとき，さらには予想したことが論証できたときの喜びは大きいものです．そこに達する道が険しいほどその喜びは大きくなります．数学の学習においては，数学概念，数学記号，計算，論理に「慣れる」ことが大切です．慣れるためには，聞く，読む，書くことを通して時間をかけることが必要です．数学記号が無ければ数学は理解することも伝えることももっと難しくなるでしょう．それほどに数学記号に慣れることは大切です．

数学の学習においては，上に述べた論理のギャップだけではなく，ちょっとした引っかかりのために，先に進めないことが起こりがちです．それらは，理解できた後になって考えてみると，何でもない些細なことであったということが少なくありません．したがって，分からないことを後回しにして，先に進んでみるのも一つの方法です．

小学校の算数や中学校の数学を学んでいるときも理解できなかったこと，計算できなかったこと，問題が解けなかったことも多くあったと思いますが，それらを考え続けていたわけではないにもかかわらず，後になって見るとそれほど難しくは思われないことがよくあります．それは長い間の数学の勉強の過程で，繰り返し学習が行われ，計算の仕方，考え方に慣れることにより，数や数学に関する一種の感覚 (数覚) が育ってきているからではないでしょうか．

ことばとイメージ (1)

微分と積分

微分積分はアメリカなどではカルキュラス (calculus) として教えられています．カルキュラスは計算を意味します．微分に関する事柄をまとめて微分法，積分に関する事柄を積分法といい，英語ではそれぞれ differential calculus，integral calculus といいます．differential は difference の形容詞で，difference は差あるいは相違であり，その動詞形は differentiate で「微分する」という意味に使われますが，区別する，差別する，分けるなどの意味があります．それに対して integral は名詞として「積分」がありますが，形容詞として完全な，整数のなどの意味です．整数は integer であり，integrate は「積分する」，全体にまとめる，完全にする，差別待遇を廃止するです．integrated circuit とすれば集積回路です．integration は「積分」のほかに統合，完成，人種的無差別対偶などの意味があります．要するに微分は部分に分けることであり，積分は部分を集めるということです．無差別が差別の反対語であるように，積分は微分の逆であり，それを数学的に述べたものが §10.4 で説明する「微分積分学の基本定理」です．

第1章 関数と逆関数

現象を理解するために実験，観察，調査などにより，データがとられ，データの間の関係は関数やそれを含む数式によって表現される．それを現象の数学モデルという．現象に対する仮説をモデルによって検証する．適切なモデルを構成するためには関数や微分方程式についての理解は欠かせない．関数は数と数の対応である．まず初めに数と関数の基本的な定義と簡単な性質の説明から始める．

本章のキーワード

集合，区間，座標，関数，変数，定義域，値域，狭義の単調関数，逆関数

1.1 集合

集合とは，数や図形のようなものの集まりであるが，数学で考える集合は，その集合に属すか属さないかのどちらか一方だけが成り立つものである．例えば「大きい数の全体」や「優しい人の集まり」などは集合とはならない．集合を構成するものを，その集合の**元**または**要素**といい，a が集合 A の元であることを記号 $a \in A$ または $A \ni a$ で表す．集合の表し方としては，例えば，10より小さい正の偶数からなる集合を A とすれば

$$A = \{x \,|\, x \text{ は正の偶数で } 10 \text{ より小}\}$$

のように，元のもつ性質で表す方法と，

$$A = \{2, 4, 6, 8\}$$

のように元を列挙する方法がある．元の数が少ないときは列挙できても，数が多いとか有限ではないときはすべてを列挙することはできない．例えば 1000 までの正の偶数の集合 B に対する第 2 の表記として

$$B = \{2, 4, 6, \cdots, 998, 1000\}$$

と表したり，正の偶数の全体からなる集合 C に対する第 2 の表記として

$$C = \{2, 4, 6, \cdots\}$$

などのように，省略が分かるときは "$\cdots$" を用いることもある．

実数の全体からなる集合を $\mathbb{R}$ と表そう．すなわち

$$\mathbb{R} = \{x \,|\, x \text{ は実数}\}$$

である．その他の数の集合として，自然数の集合 $\mathbb{N}$，整数の集合 $\mathbb{Z}$，有理数の集合 $\mathbb{Q}$，複素数の集合 $\mathbb{C}$ などが使われる．

一般に，集合 A, B に対して集合

$$A \cup B = \{x \,|\, x \in A \text{ または } x \in B\}$$

を A と B の**和集合**という．また，集合

$$A \cap B = \{x \,|\, x \in A \text{ かつ } x \in B\}$$

を A と B の**共通部分**という．例えば，

$$A = \{x \,|\, 0 < x < 10 \text{ となる実数}\}, \quad B = \{x \,|\, x \text{ は偶数}\}$$

とすれば，

$$A \cap B = \{2, 4, 6, 8\}$$

であるが，$C = \{x \,|\, x < 0 \text{ となる実数}\}$ とすれば $A \cap C$ には属す元はない．こ

のように属す元がないものも集合と考え，**空集合**といい，記号 $\varnothing$ で表す．

二つの集合 A, B に対して，B のすべての元が A の元であるとき，A は B を**含む**，あるいは B は A の**部分集合**であるといい記号 $A \supset B$ または $B \subset A$ と表す．二つの集合は構成する元が同じであるとき等しいという．すなわち，$A = B$ とは，$A \subset B$ かつ $A \supset B$ となることである．

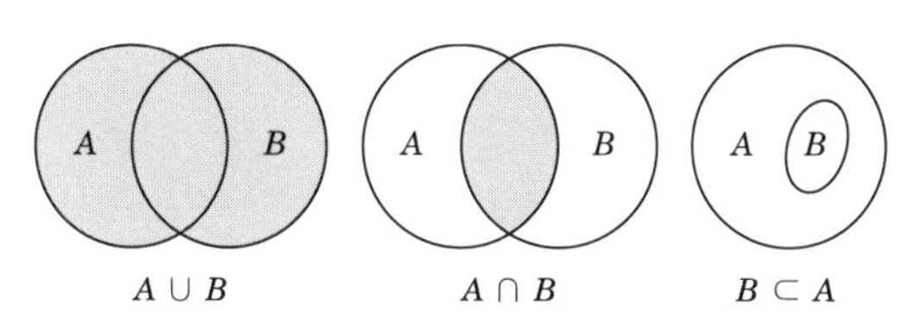

図 **1.1**　集合

1.2　区間

$a < b$ となる実数 a, b を端点とする**区間**は**有界区間**といわれ，次のものがある：

$$(a, b) = \{x \mid a < x < b\}, \quad (a, b] = \{x \mid a < x \leqq b\}$$

$$[a, b) = \{x \mid a \leqq x < b\}, \quad [a, b] = \{x \mid a \leqq x \leqq b\}$$

ここで，記号 $\leqq$ は $<$ または $=$ という意味である．(a, b) は**開区間**，$[a, b]$ は**閉区間**といわれ，また $(a, b]$ と $[a, b)$ は**半開区間**といわれる．記号 ∞ は**無限大**と読む．無限大に発散という概念を，極限値のところで説明するが，∞ は数ではなく限りなく大きいという意味を持った記号で，次のような無限区間を表すときにも用いる：

$$(a, \infty) = \{x \mid x > a\}, \qquad [a, \infty) = \{x \mid x \geqq a\}$$

$$(-\infty, b) = \{x \mid x < b\}, \quad (-\infty, b] = \{x \mid x \leqq b\}.$$

また実数全体の集合 $\mathbb{R}$ を区間の形で

$$(-\infty, \infty)$$

と表すこともある．

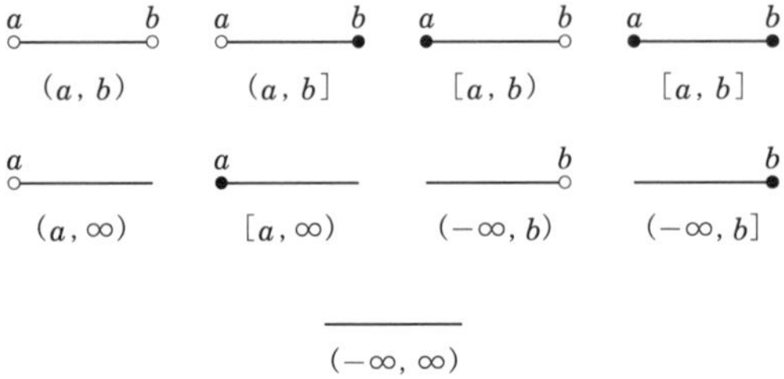

a b (a, b) a b $(a, b]$ a b $[a, b)$ a b $[a, b]$

a (a, ∞) a $[a, \infty)$ b $(-\infty, b)$ b $(-\infty, b]$

$(-\infty, \infty)$

図 1.2 区間

1.3 座標

関数を幾何学的にとらえるために座標を考える．座標の起源は解析幾何学を発明したデカルト[1)]とフェルマ[2)]にさかのぼる．点に数の組を対応させて図形を式で表し，幾何学の問題を代数式に置き換えて考察するために導入されたものである．

まず，直線における座標は次のように定める．直線上に 1 点 O を固定し**原点**という．さらに**単位点**とよぶ別の点 E を直線上にとる．直線を水平に引いた場合は，通常は，E を O の右側にとる．直線上の点 P が，線分 OP の長さが線分 OE の長さの p 倍であって，原点 O に関して E と同じ側にあれば，P に 実数 p を対応させ，E と反対側にあれば，実数 $-p$ を対応させ，その対応する値を P の**座標**という．また原点 O の座標は 0 とする．すると直線上のすべての点に実数が一つずつ対応し，逆にどの実数にもそれを座標とする直線上の点が一つ定まる．点 P の座標が x のとき $\mathrm{P} = (x)$ と表すことにする．すると $\mathrm{O} = (0)$ であり，$\mathrm{E} = (1)$ である (図 1.3)．この対応によって直線は実数の全体 $\mathbb{R}$ と同じものと見なすことができる．このような座標を考えた直線を**数直線**あるいは**実数直線**ということがある．

一つの平面上に，原点から単位点までの長さが等しい二つの数直線が，ともに固定した点 O を原点として直交しているとき，平面上の**直交座標系**が得ら

[1)]ルネ・デカルト (René Descartes, 1596–1650) はフランスの数学者・哲学者．

[2)]ピエール・ド・フェルマ (Pierre de Fermat, 1601–1665) はフランスの地方法律家で余暇に数学を研究した．

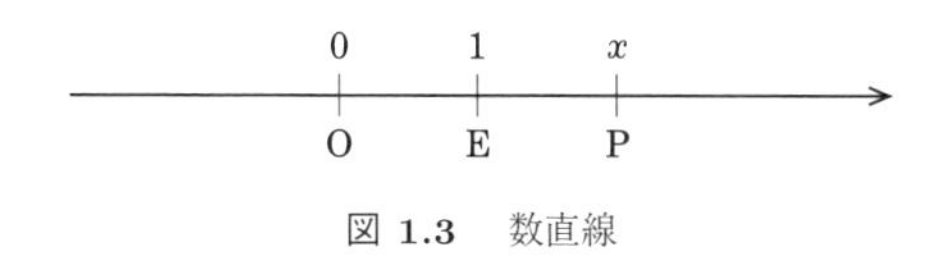

図 **1.3** 数直線

れる．O をこの座標系の**原点**という．一方の数直線上の座標を x で表すとき，この直線を $\boldsymbol{x}$ **軸**といい，他方の座標を y で表すときその直線を $\boldsymbol{y}$ **軸**という．通常は x 軸を右が正数となるように水平に置き，y 軸を上が正数となるように配置する．このため x 軸を**横軸**，y 軸を**縦軸**と呼ぶこともある．平面上の点 P を通り y 軸に平行な直線と x 軸との交点の座標を x，同じく P を通り x 軸に平行な直線と y 軸との交点の座標を y として，P に実数の組 (x, y) を対応させる．(x, y) を P の**座標**といい $\mathrm{P} = (x, y)$ と表す．すると平面上のすべての点にこのような二つの実数の組が一つずつ対応し，逆にどの実数の組にもそれを座標とする平面上の点と一つ定まる．x を P の $\boldsymbol{x}$ **座標**，y を P の $\boldsymbol{y}$ **座標**という．またこのときこの平面を $\boldsymbol{xy}$ **平面**という．座標は原点と二つの座標軸上の単位点 $\mathrm{E}_1 = (1, 0)$，$\mathrm{E}_2 = (0, 1)$ で決まるので，直交座標系 $\{\mathrm{O} : \mathrm{E}_1, \mathrm{E}_2\}$，あるいはもっと簡単に直交座標系 O–$xy$ といういい方をする．直交座標は**デカルト座標**とも呼ばれる．2 点 $\mathrm{P}_1 = (x_1, y_1)$，$\mathrm{P}_2 = (x_2, y_2)$ の間の距離 $\overline{\mathrm{P}_1\mathrm{P}_2}$ は，ピタゴラス[3)]の定理より $\sqrt{(x_2 - x_1)^2 + (y_2 - y_1)^2}$ である．

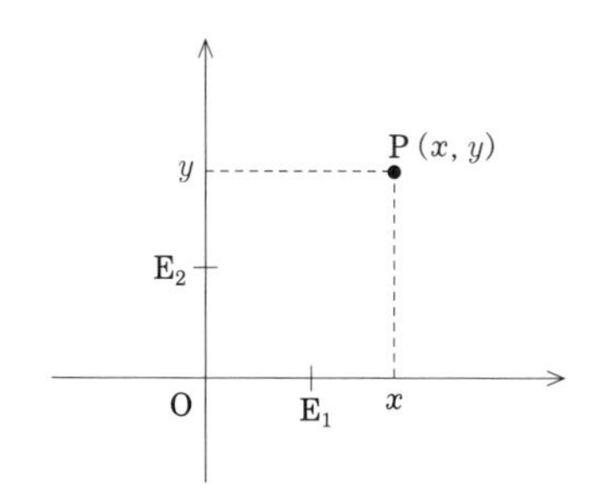

図 **1.4** 座標平面

---

3) ピタゴラス (Pythagoras, B.C.569 頃–B.C.500 頃) はギリシャの数学者，サモスのピタゴラスあるいはピュタゴラスと呼ばれる．

以下において，**座標平面**といえばこのような座標を考えた平面とする．

1.4 関数と変数

✤ 関数

二つの変数を用いた等式

$$y = x^2$$

によって，数 x に対してその数を 2 乗した数 y を対応させる対応関係を与える．このように数に数をただ一つ対応させる対応関係を**関数**という．

✤ 変数

関数を表す等式 $y = x^2$ において，x を**独立変数**，y を**従属変数**という．独立変数を単に変数と略して x を変数とする関数 y などということも多い．

✤ 関数記号と記法

関数 $y = x^2$ を等式 $f(x) = x^2$ で表すこともある．このとき，記号 f は数に対して，その数の 2 乗を対応させる関数を表す．この意味で f を**関数記号**という．関数 $f(x) = x^2$ において，例えば $x = 2$ を代入すると，$f(2) = 4$ となり，$f(2)$ はこの関数において数 2 に対応する数を表してる．この意味で，$f(x)$ を関数 f の x における**値**という．(☞ p.20「ことばとイメージ (2)」を参照.)

以上のように関数の表し方には，独立変数と従属変数を用いた等式 $y = x^2$ という形のものと，変数と関数記号を用いた等式 $f(x) = x^2$ という形をしたものがある．これらの関数の表し方において，変数や関数記号として，文脈の中で混同が起きなければどんなものを用いても構わない．例えば，$y = x^2$，$x = t^2$，$v = u^2$，$f(x) = x^2$，$g(t) = t^2$，$h(u) = u^2$ 等は，いずれも数に対してその数の 2 乗を対応させる同じ関数を表す．

さまざまな専門分野において，考察する変量の間の関数関係を扱うが，その場合，変量の意味を残すために，欧米語の頭文字を変数として用いることが多いといえる．例えば，物理学では時間を表す変量として time の頭文字 t を用いる．これに対して数学においては，独立変数に x を，従属変数に y を用いることが多いが，数学においてもそれにこだわることはかえって好ましくないことがある．

具体的な関数の性質を調べるためにも，一般的な関数についての議論が必要になる．一般的な関数を議論する場合の関数の表し方としては，独立変数と従属変数と関数記号を用いた $y = f(x)$，独立変数と関数記号を用いた $f(x)$，関数記号のみの f の三つのタイプの表し方がある．関数を $f(x)$ で表すのは，function (関数の英語) の頭文字 f を用いているが，関数が複数あるときは $f(x)$, $g(x)$, $h(x)$, $F(x)$, $G(x)$, $H(x)$ やギリシャ文字を用いて $\varphi(x)$, $\psi(x)$ などが，また文字を節約するために $x = x(t)$，$y = y(t)$ なども使われる．

✤ 関数と数式

関数とは数から数への対応関係であるが，関数は必ずしも変数を用いて計算ができる数式で表されるとは限らない．図 1.5 は，日本の平均気温偏差の経年変化を表す．年平均気温の過去 5 年間の平均値 (移動平均) が示されて年を変数とする関数と考えることができる．株価，為替相場，体重，血圧なども時間の関数といえるが，数式では表すことができない．

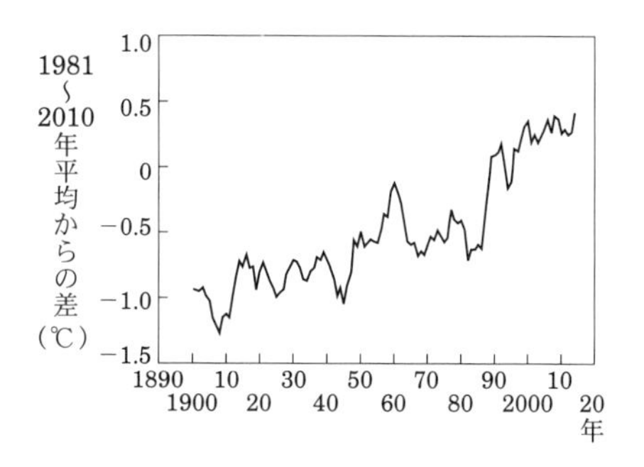

図 1.5 日本の年平均気温偏差 (5 年移動平均).
気象庁ホームページ http://www.data.jma.go.jp/cpdinfo/temp/an_jpn.html より.

1.5　定義域と値域

✤ 定義域

関数 $f(x) = x^2$ は，すべての実数 x に対して関数の値 $f(x)$ が定まっている．すなわち，この関数は実数全体の集合 $(-\infty, \infty)$ において考える．また関数

$$f(x) = \frac{1}{x}$$

は $x = 0$ 以外では値が定まる．すなわち，この関数は実数の集合 $(-\infty, 0) \cup (0, \infty)$ において考える．

関数の値 $f(x)$ を考える独立変数 x が取りうる値の集合を，関数 f の**定義域**という．関数 $f(x) = x^2$ を実数の集合 $[0, \infty)$ に制限して考えるとき

$$f(x) = x^2 \qquad (x \in [0, \infty))$$

と表す．このとき関数の定義域は $[0, \infty)$ である．したがって，$y = f(x)$ と書いて定義域を明示しないときは，対象となる関数について実数全体の中でできるだけ広く考えることができる定義域で考えるものとする．

例えば，関数 $f(x) = \dfrac{x^2 - 1}{x - 1}$ と関数 $g(x) = x + 1$ は $x \neq 1$ ではともに $x + 1$ で等しいが，定義域が異なるので別の関数と考える．一方，関数 $f(x) = \dfrac{x^2 - 1}{x - 1}$ と関数 $h(x) = x + 1$ $(x \in (-\infty, 0) \cup (0, \infty))$ は同じ関数である．

✤ 値域

関数が取りうる値の集合を関数の**値域**という．関数 $y = f(x)$ $(x \in D)$ の値域は集合 $\{f(x) \,|\, x \in D\}$ となる．例えば，関数 $f(x) = x^2$ $(x \in [2, \infty))$ の値域は $[4, \infty)$ である．

✤ 値の対応

関数 $y = x^2$ の値域 $[0, \infty)$ に属する y に対して，$y \neq 0$ の場合は $y = x^2$ を満たす x は $x = \sqrt{y}$ と $x = -\sqrt{y}$ の二つがある．これに対して，関数 $y =$

x^2 $(x \in [0,\,\infty))$ の値域 $[0,\,\infty)$ に属す y に対して，$y = x^2$ を満たす $x \in [0,\,\infty)$ は $x = \sqrt{y}$ のただ一つである．

✤ 1 対 1 対応

一般に関数 $y = f(x)$ $(x \in D)$ について，この関数の値域 $E = \{f(x)\,|\,x \in D\}$ に属す y に対して，$y = f(x)$ を満たす $x \in D$ がただ一つ存在するとき，この関数は **1 対 1** であるという．(☞ p.20「ことばとイメージ (3)」を参照.)

関数 $y = f(x)$ $(x \in D)$ が 1 対 1 であるための必要十分条件は

(1)　$x \neq x'$ $(x,\,x' \in D)$ ならば $f(x) \neq f(x')$

が成り立つことである．この条件 (1) が成り立つことは

(2)　$f(x) = f(x')$ $(x,\,x' \in D)$ ならば $x = x'$

が成り立つことと同値 (必要十分) である．

例えば，関数 $y = x^2$ について $x \neq 0$ のときは $x \neq -x$ であるが $x^2 = (-x)^2$ であり 1 対 1 ではない．しかし，関数 $y = x^2$ $(x \in (0,\,\infty))$ について，$x^2 = x'^2$ $(x,\,x' \in (0,\,\infty))$ ならば

$$0 = x^2 - x'^2 = (x - x')(x + x')$$

であるから，$x + x' > 0$ であることを用いると，$x - x' = 0$ となり $x = x'$ となる．こうして (2) が満たされ，この関数は 1 対 1 である．

1.6　関数のグラフ

一般に実数の集合 D を定義域とする関数 $y = f(x)$ $(x \in D)$ が与えられたとき，座標平面の点 $(x, f(x))$ を考よう．これらの点の集合

$$\{(x,\,f(x))\,|\,x \in D\}$$

を関数 $y = f(x)$ $(x \in D)$ の**グラフ**という．関数のグラフは一般的には図 1.6 (次ページ) のように曲線になる．関数 $y = 2x + 1$，関数 $y = x^2$，関数 $y = \dfrac{1}{x}$ のグラフはそれぞれ図 1.7，図 1.8，図 1.9 (次ページ) となる．

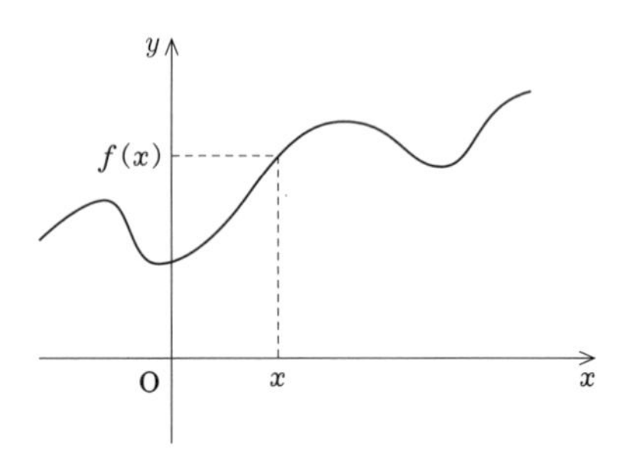

図 **1.6**　関数のグラフ

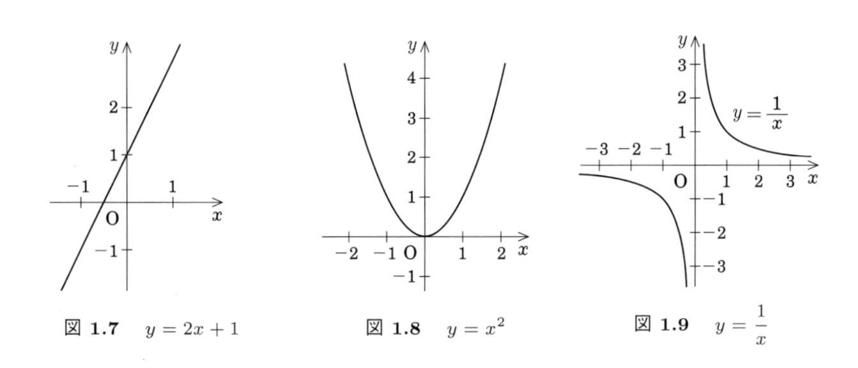

図 **1.7**　$y = 2x + 1$

図 **1.8**　$y = x^2$

図 **1.9**　$y = \dfrac{1}{x}$

1.7　単調増加と単調減少

関数 $y = f(x)$ $(x \in D)$ について

(3)　$x < x'$ $(x, x' \in D)$ ならば $f(x) < f(x')$

が満たされるとき，**狭義単調増加関数**といい，

(4)　$x < x'$ $(x, x' \in D)$ ならば $f(x) > f(x')$

が満たされるとき，**狭義単調減少関数**という.「狭義」とは,「狭い意味で」ということを表す数学用語である.

関数 $y = f(x)$ $(x \in D)$ が狭義単調増加関数または狭義単調減少関数のときは，(1) が満たされ 1 対 1 である．なぜなら，狭義単調増加関数の場合を考えると，$x \neq x'$ としたとき，一般性を失うことなく $x < x'$ と考えることができるので，(3) より $f(x) < f(x')$ となり，$f(x) \neq f(x')$ となるからである．例え

ば，関数 $y = x^2$ $(x \in [0, \infty))$ は狭義単調増加関数であるから 1 対 1 である．

(3) において $f(x) \leqq f(x')$ で置き換えた場合は，単に**単調増加**といい，(4) において $f(x) \geqq f(x')$ で置き換えた場合は単に**単調減少**という．これらは 1 対 1 になるとは限らないので注意が必要である．

1.8 逆関数

✤ 逆関数

一般に関数 $y = f(x)$ $(x \in D)$ が 1 対 1 であれば，値域 $E = \{f(x) \,|\, x \in D\}$ に属す y に対して $y = f(x)$ を満たす x が f の定義域 D の中にただ一つ存在することになる．この x は y によって定まるので y の関数と考えられる．この x を $g(y)$ で表そう．そのとき，関数 $x = g(y)$ $(y \in E)$ を $y = f(x)$ $(x \in D)$ の**逆関数**という．

例えば関数 $x = \sqrt{y}$ $(y \in [0, \infty))$ は 1 対 1 関数 $y = x^2$ $(x \in [0, \infty))$ の逆関数であり，関数 $x = -\sqrt{y}$ $(y \in [0, \infty))$ は 1 対 1 関数 $y = x^2$ $(x \in (-\infty, 0])$ の逆関数である．この例において，狭義単調増加関数の逆関数は狭義単調増加関数であり，狭義単調減少関数の逆関数は狭義単調減少関数であることに注意せよ．このことは一般の関数で成り立つことである．

✤ 逆関数ともとの関数

関数 $y = f(x)$ $(x \in D)$ が 1 対 1 でその逆関数を $x = g(y)$ $(y \in E)$ とするとき，関数 $x = g(y)$ $(y \in E)$ は 1 対 1 で $y = f(x)$ $(x \in D)$ はその逆関数である．このとき

(5)　$f(g(y)) = y$

がすべての $y \in E$ について成り立ち，

(6)　$g(f(x)) = x$

がすべての $x \in D$ について成り立つ．ただし，(6) の等式が成り立つのは $x \in D$ のときだけであることに注意しなければならない．例えば，1 対 1 関数 $f(x) = x^2$ $(x \in (-\infty, 0])$ の逆関数 $g(y) = -\sqrt{y}$ $(y \in [0, \infty))$ について，

(6) 式は $-\sqrt{x^2}=x$ となるが，この等式は関数 $f(x)$ の定義域である $x \leqq 0$ では成り立つが，$x>0$ のときは成り立たない．

✤ 関数のグラフと逆関数のグラフ

関数 $x=\sqrt{y}\ (y \in [0,\infty))$ は関数 $y=x^2\ (x \in [0,\infty))$ の逆関数であるが，この逆関数の独立変数と従属変数を取り替えて $y=\sqrt{x}\ (x \in [0,\infty))$ と表すこともできる．すなわち，関数 $y=x^2\ (x \in [0,\infty))$ の逆関数というとき，$x=\sqrt{y}$ を意味することも，$y=\sqrt{x}$ を意味することもあり，混乱する可能性があるので注意が必要である．後者の，逆関数は $y=\sqrt{x}$ であるという表し方は，独立変数を x，従属変数を y として関数を表すという立場によるものである．それに対し，前者の，逆関数は $x=\sqrt{y}$ であるという表し方は，逆関数が逆の対応であることから，独立変数を y，従属変数を x を用いる立場によるものであるが，これにより，関数を表す等式を等式の変形によって導くことができるなどの利点がある．

一般に，1 対 1 の関数 $y=f(x)$ のグラフとその逆関数 $x=g(y)$ のグラフは同じものと考えることができる．ただしこの場合，逆関数 $x=g(y)$ の定義域は縦軸に，値域は横軸にあると考える．他方，変数 x と y を入れ替えた $y=g(x)$ のグラフは，$y=f(x)$ のグラフを直線 $y=x$ で折り返したものであるから，これら二つのグラフは直線 $y=x$ に関して対称になっている．

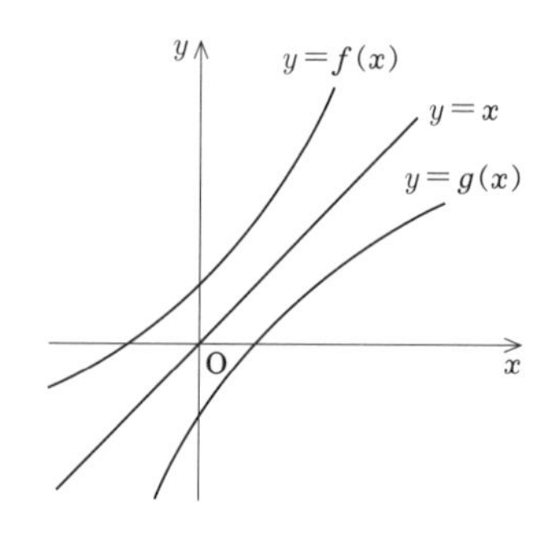

図 1.10　関数とその逆関数のグラフ

例 1.1：$\boldsymbol{y = x^n}$ の逆関数　n を自然数とするとき，関数 $y = x^n$ $(x \in [0, \infty))$ は狭義単調増加関数で 1 対 1 である．この関数の逆関数を

$$x = y^{\frac{1}{n}} \quad (y \in [0, \infty)) \quad \text{または} \quad x = \sqrt[n]{y} \quad (y \in [0, \infty))$$

と表す．したがって，正数 y に対して，$y^{\frac{1}{n}}$ は $x^n = y$ を満たす正数 x のことである． ◇

❖ 課外授業 1.1　グラフの移動と対称

関数 $y = f(x)$ のグラフを G とすれば,

$$(x,\, y) \in G \iff y = f(x)$$

である. G を x 軸の正方向に a, y 軸の正方向に b だけ平行移動した図形 (曲線) を G_1 とすれば,

$$(x,\, y) \in G_1 \iff (x-a,\, y-b) \in G \iff y - b = f(x-a)$$

となり, G_1 は関数 $y = f(x-a) + b$ のグラフとなる.

G を上の通りとして, G_2 を x 軸に関して対称に移動したもの, G_3 を y 軸に関して対称に移動したもの, さらに G_4 を直線 $y = x$ に関して対称に移動したものとすれば,

$$(x,\, y) \in G_2 \iff (x,\, -y) \in G \iff y = -f(x),$$

$$(x,\, y) \in G_3 \iff (-x,\, y) \in G \iff y = f(-x),$$

$$(x,\, y) \in G_4 \iff (y,\, x) \in G \iff x = f(y)$$

となる. 直線 $y = kx$ $(x \neq 0)$ に関して対称に移動した曲線は式によってどのように表されるであろうか.

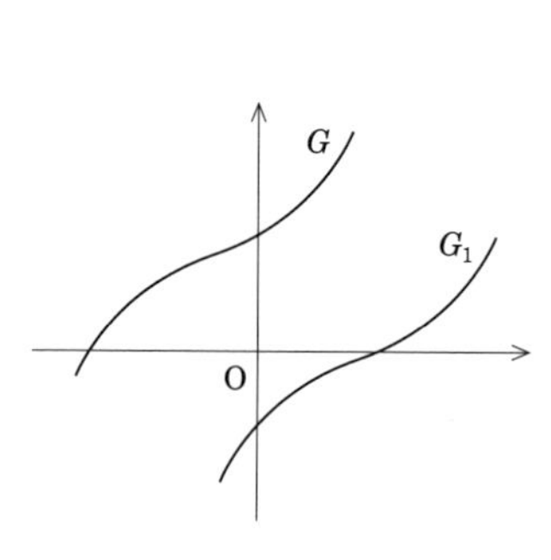

図 1.11　平行移動

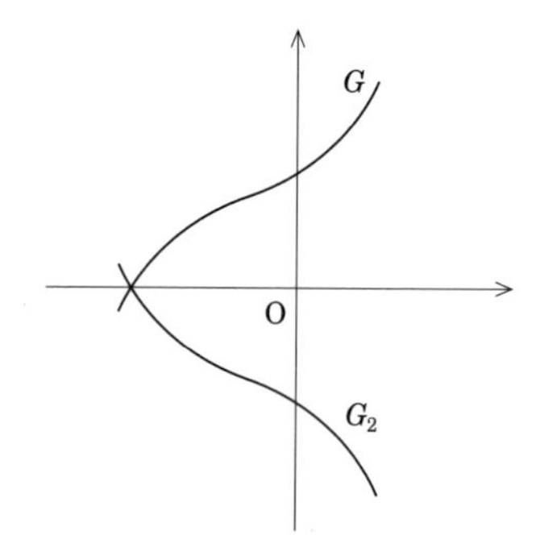

図 1.12　x 軸に対称

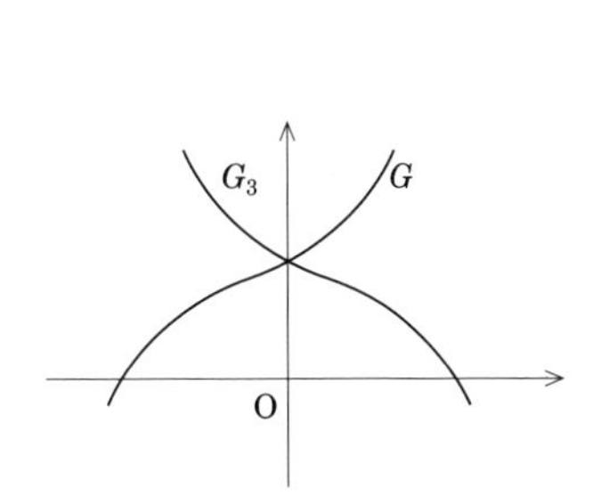

図 **1.13**　y 軸に対称

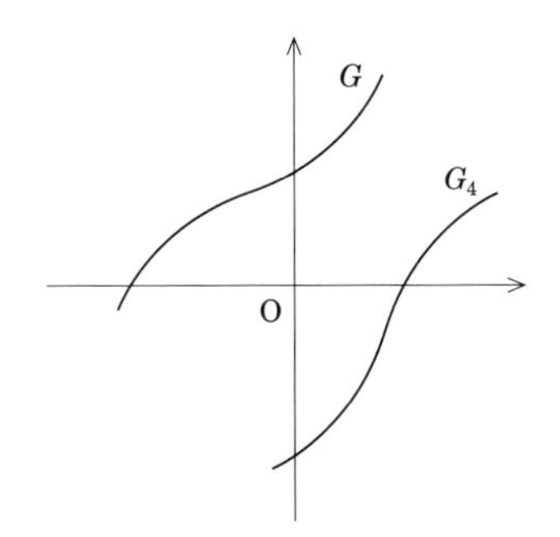

図 **1.14**　$y = x$ に対称

ことばとイメージ(2)

関数

「関数」の英語は function で，それは関数の他に機能，働き，職務，儀式の意味をもちます．変数 x の関数 f を $f(x)$ と書いて f of x と読むので，日本語の順では $(x)f$ と書くほうが良いのではという人もいたようです．関数はもともと「函数」と書きましたが，函の字が 1946 年に制定された当用漢字に入りませんでしたので，関数という表記が公文書，教科書などで使用されることになりました.「函数」は中国明代の数学者李善蘭 (1810–1882) が,「代数」「変数」「指数」「多項式」「微分」「曲線」などとともに，西洋数学書を翻訳したときに作った漢字表記です．教育指導要領に縛られる初等中等教育では「函数」は使われず「関数」に置き換えられ，大学教育や一般数学書でも初中等教育に関係する数学者から次第に「関数」の使用が広まりましたが，函数と関数では意味が異なるとしてと函数だけしか使わない数学者もいます．

ことばとイメージ(3)

関数と写像

関数は数に数を対応させるものでしたが，数に限らず点や図形やそのほかの数学的な対象の集合を考えて，集合の元に別の，あるいは同じ集合の元を対応させるとき，その対応を**写像** (mapping) といいます．集合 A から集合 B への写像 f というときは，f の定義域は A であり，値域 $f(A) = \{f(a) \in B \,|\, a \in A\}$ は A の**像**と呼ばれます．写像が **1 対 1** であるというのは関数と同じ意味に使われます．$f(A) = B$ が成り立つときは，(B の) **上への**写像といいます．

map は地図に描くという意味で現実の地形を図に写し取ることです．写像はフランス語では application で，その動詞は appliquer (アプリケ) で貼り付けるということです．ドレスの胸にかわいらしいアップリケをつけるのも写像の一つといえましょうか．

演習問題 1

A.　確認問題

次の各記述について正誤を判定せよ.

1. 無限大 ∞ はどんな実数より大きい数である.

2. $y = x^2 + 1$ と $v = u^2 + 1$ は関数としては同じである.

3. 関数 $y = \dfrac{1}{x}$ $(x \in [2, \infty))$ の値域は $\left[0, \dfrac{1}{2}\right]$ である.

4. 関数 $y = x^2$ $(x \in [-1, 3])$ の値域は $[1, 9]$ である.

5. 関数 $y = \dfrac{x^2 - 4}{x - 2}$ と関数 $y = x + 2$ は同じ関数である.

6. 関数 $y = x^2$ は 1 対 1 であり，逆関数が存在する.

7. 関数 $y = x^2$ $(x \in [0, \infty))$ の逆関数は $x = \sqrt{y}$ $(y \in [0, \infty))$ である.

8. 関数 $y = x^2$ $(x \in (-\infty, 0])$ の逆関数は $y = -\sqrt{x}$ $(x \in [0, \infty))$ である.

9. 関数 $y = -\sqrt{x}$ $(x \in [0, \infty))$ は狭義単調減少関数である.

10. 関数 $y = f(x)$ $(x \in D)$ が 1 対 1 であるための必要十分条件は

$$x = x' \quad (x, x' \in D) \quad \text{ならば} \quad f(x) = f(x')$$

が成り立つことである.

B.　演習問題

1. 関数 $f(x) = x^2 - 3x$ について，次の値を求めよ.

(1)　$f(2)$　　(2)　$f\left(\dfrac{1}{2}\right)$　　(3)　$f(a+1)$

2. 次の関数 $y = f(x)$ に対して，独立変数を x とした逆関数 $y = g(x)$ を求め，そのグラフの概形を描け.

(1)　$y = \dfrac{x - 1}{2}$　　(2)　$y = x^2 + 1 \quad (x \in [0, 2])$

上限・下限，関数の極限値

微分積分学は極限の科学である．本書では極限の厳密な扱いはしないが，一部の直感的な処理では済まない部分についてだけイプシロン・デルタ論法を説明する．上限と下限はそのために必要な概念である．慣れないと分かりづらいかも知れないので，何回でもこの章に立ち返ることをおすすめする．

本章のキーワード

上界，下界，上限，下限，実数の連続性，関数の極限値，数列の極限値，連続，最大値最小値の存在

2.1 数

数はものを数える自然数から始まり，0 や負の数を含めた整数，分数も含めた有理数，無理数を取り込んだ実数，さらには虚数も含めた複素数へと広がる．その広がり方を見ると，自然数から整数，整数から有理数，実数から複素数は加減乗除の四則演算を基にした議論 (代数的議論) で説明されるが，有理数から実数への拡張は代数的議論だけでは不十分で，解析的な議論が必要になる．有理数は整数の比となる数として定義されるが，無理数は有理数ではない数としてしか定義されない．解析的な手法を用いた実数の定義を述べることは初 (めての) 学 (び) の範囲を超えるので，実数の基本性質を満たすものとして実数を把握しよう．基本性質とは演算に関するもの，大小関係に関するもの，連続性に関するものの三つである．

2.2 実数の基本性質

✤ 実数の演算

実数の演算として和 (足し算) と積 (掛け算) がもとになり，それぞれ，差 (引き算) は和の，商 (割り算) は積の逆の演算として与えられる．和と積は次の (1)〜(9) を満たす．そこでは 0 と 1 が特別な役割を演じる．

(1) $(a+b)+c=a+(b+c)$

(2) $a+b=b+a$

(3) $a+0=a$

(4) $a+(-a)=0$

(5) $(ab)c=a(bc)$

(6) $ab=ba$

(7) $a1=a$

(8) $a\neq 0$ であれば，$aa^{-1}=1$

(9) $a(b+c)=ab+ac.$

✤ 実数の大小関係

実数の大小関係とは，二つの相異なる実数 a と b をとれば，$a<b$ か $a>b$ であり，次の性質をもつ．

(10) $a<b$，$b<c$ ならば $a<c$

(11) $a<b$ ならば $a+c<b+c$

(12) $a<b$，$c>0$ ならば $ac<bc$

演算と大小関係の性質から，$a<b, c<0$ ならば $ac>bc$，あるいは $a<0, b<0$ ならば $ab>0$ などが導かれる．

✤ 実数の連続性

実数の連続性についてはいくつかの準備の後 §2.4 で述べる．

2.3　上限と下限

✤ 上界

集合 A と実数 c に対して，A に属するすべての実数 x は $x \leqq c$ を満たしているとき，c は集合 A の**上界**であるという．上界より大きい数はすべて上界である．A の上界の全体からなる集合を記号 $A^{\sim}$ で表す．上界の集合の例をあげよう．

例 2.1　(1)　$A = (0,\ 1)$ のとき $A^{\sim} = [1,\ \infty)$

(2)　$B = (-\infty,\ -1)$ のとき $B^{\sim} = [-1,\ \infty)$

(3)　$C = \left\{0,\ \dfrac{1}{2},\ \dfrac{2}{3},\ \cdots,\ \dfrac{n-1}{n},\ \cdots\right\}$ のとき $C^{\sim} = [1, \infty)$

(4)　$D = \{4,\ 1,\ 3,\ 2\}$ のとき $D^{\sim} = [4,\ \infty)$

(5)　$E = \{1,\ 4,\ 9,\ \cdots,\ n^2,\ \cdots\}$ のとき $E^{\sim} = \varnothing$.　◇

✤ 上限

実数の集合 A の上界の全体の集合 $A^{\sim}$ の最小値を A の**上限**といい，記号 $\sup A$ で表す．

例 2.2　(1)　$\sup(0,\ 1) = 1$

(2)　$\sup(-\infty,\ -1) = -1$

(3)　$\sup\left\{0,\ \dfrac{1}{2},\ \dfrac{2}{3},\ \cdots,\ \dfrac{n-1}{n},\ \cdots\right\} = 1$

(4)　$\sup\{4,\ 1,\ 3,\ 2\} = 4$

(5)　$\sup\{1,\ 4,\ 9,\ \cdots,\ n^2,\ \cdots\}$ は存在しない．　◇

✤ 最大値・最小値

実数の集合 A の最大値を記号 $\max A$，最小値を記号 $\min A$ によって表す．実数の集合 A に最大値があるときは $\sup A = \max A$ が成り立つ．なぜならば，$a = \max A$ とすると，$A^{\sim} = [a,\ \infty)$ が成り立ち，

$$\sup A = \min A^{\sim} = a = \max A$$

となる．例 2.2 の (1), (2), (3) にみるように，集合に上限があっても最大値があるとは限らない．

✤ 下界と下限

実数の集合 A の**下界**，下界全体の集合 $A_{\sim}$，**下限** $\inf A$ についても同様に定義する．

実数の集合 A に対して，記号

$$-A = \{x \mid -x \in A\}$$

によって集合 $-A$ を定めれば，

$$A_{\sim} = -(-A)^{\sim} \tag{2.1}$$

が成り立つ．実際，$c \in A_{\sim}$ とすると，すべての $x \in A$ について $x \geqq c$ を満たす．したがって，すべての $-x \in -A$ に対して $-x \leqq -c$ となり，このことは $-c \in (-A)^{\sim}$ ということであるから，$c \in -(-A)^{\sim}$ が得られる．これは $A_{\sim} \subset -(-A)^{\sim}$ を意味する．逆に $c \in -(-A)^{\sim}$ とすると，$-c \in (-A)^{\sim}$ である．このことは $-c$ が $-A$ の上界であることを意味するから，すべての $-x \in -A$ に対して $-x \leqq -c$ となる．したがって，すべての $x \in A$ について $x \geqq c$ となる．ゆえに $c \in A_{\sim}$ となり，$-(-A)^{\sim} \subset A_{\sim}$ が得られ，前半とあわせれば $A_{\sim} = -(-A)^{\sim}$ が示された．(2.1) は $A_{\sim} = \varnothing$ のときも成り立つ．

(2.1) を用いると，この両辺が空集合ではないとき，

$$\inf A = -\sup(-A)$$

を次のようにして示すことができる．

$$\inf A = \max A_{\sim} = \max(-(-A)^{\sim}) = -\min(-A)^{\sim} = -\sup(-A).$$

✤ 有界

実数の集合 A に上界が存在するとき，すなわち $A^{\sim} \neq \varnothing$ のとき A は**上に有界**であるという．また下界が存在するとき下に有界といい，上にも下にも有

界であるとき単に**有界**であるという．実数の集合 A が上に有界ではないことを，記号 $\sup A = \infty$ と表し，下に有界ではないことを，$\inf A = -\infty$ と表す．∞ と $-\infty$ は数ではなく，例えば $\sup A = \infty$ は集合 A の上限が ∞ であるのではなく，A に上限が存在しないと理解しなければならない．

関数はその値域が有界であるとき**有界**であるという．

2.4　実数の連続性の公理

次の「実数の連続性」と呼ばれる性質を認めた上で，実数についての議論を行うことにする．(☞ p.47「ことばとイメージ (4)」を参照.)

実数の連続性の公理　上に有界な実数の集合には上限が存在する．

この公理はワイエルシュトラス[1]によるもので**ワイエルシュトラスの公理**とも呼ばれ,「実数の集合 A が上に有界であれば $\min A^{\sim}$ が存在する」ということである．また，命題「下に有界な実数の集合には下限が存在する」と同値である．

実数の中で有理数は整数の比として表されるとして特徴づけられるが，有理数の全体の集合 $\mathbb{Q}$ と実数全体の集合 $\mathbb{R}$ を比較すると，実数では連続性の公理が成り立つが，有理数では成り立たない．すなわち，上に有界な有理数の集合は有理数としての上限があるとは限らないのである．

さまざまな具体的な実数の集合について，その上界全体の集合を決定できるものに対しては，上限が存在することを確かめることができる．しかし「実数の連続性の公理」は，上界の集合を容易には求めることができない集合に対しても，上に有界な「すべての」実数の集合には上限が存在することを主張するものある．下に有界な集合についても同様である．

---

1) カール・ワイエルシュトラス (Karl Theodor Wilhelm Weierstrass, 1815–1897) はドイツの数学者．

2.5　自然対数の底 e (その 1)

集合

$$F = \left\{1, \left(\frac{3}{2}\right)^2, \left(\frac{4}{3}\right)^3, \cdots, \left(1+\frac{1}{n}\right)^n, \cdots\right\}$$

が上に有界であることは証明できるが，数値として上限を求めることはすぐにはできない．しかし,「実数の連続性の公理」がその存在を保証している．そこで $\sup F = e$ と表す．e は**自然対数の底**と呼ばれ，$e = 2.718\cdots$ となる無理数である．

なお，集合 F が上に有界であることは，**二項定理**と呼ばれる等式 (☞ p.44「課外授業 2.3」を参照)

$$\begin{aligned}(a+b)^n = a^n + na^{n-1}b + \frac{n(n-1)}{2!}a^{n-2}b^2 \\ + \frac{n(n-1)(n-2)}{3!}a^{n-3}b^3 + \cdots + b^n\end{aligned}$$

を用いることによって，次のように示すことができる．$n > 1$ であれば

$$\begin{aligned}\left(1+\frac{1}{n}\right)^n &= 1 + n\frac{1}{n} + \frac{n(n-1)}{2!}\frac{1}{n^2} + \frac{n(n-1)(n-2)}{3!}\frac{1}{n^3} \\ &\quad + \cdots + \frac{n(n-1)\cdots 2\cdot 1}{n!}\frac{1}{n^n} \\ &= 1 + 1 + \frac{1}{2!}\left(1-\frac{1}{n}\right) + \frac{1}{3!}\left(1-\frac{1}{n}\right)\left(1-\frac{2}{n}\right) \\ &\quad + \cdots + \frac{1}{n!}\left(1-\frac{1}{n}\right)\left(1-\frac{2}{n}\right)\cdots\left(1-\frac{n-1}{n}\right) \\ &< 1 + 1 + \frac{1}{2!} + \frac{1}{3!} + \cdots + \frac{1}{n!} \\ &< 1 + 1 + \frac{1}{2} + \frac{1}{2^2} + \cdots + \frac{1}{2^{n-1}}\end{aligned}$$

となる．ここで

$$\begin{aligned}1 &= \frac{1}{2} + \frac{1}{2} = \frac{1}{2} + \frac{1}{2}\left(\frac{1}{2}+\frac{1}{2}\right) = \frac{1}{2} + \frac{1}{2^2} + \frac{1}{2^2}\left(\frac{1}{2}+\frac{1}{2}\right) \\ &= \frac{1}{2} + \frac{1}{2^2} + \frac{1}{2^3} + \frac{1}{2^3}\left(\frac{1}{2}+\frac{1}{2}\right) = \cdots\end{aligned}$$

$$= \frac{1}{2} + \frac{1}{2^2} + \cdots + \frac{1}{2^{n-1}} + \frac{1}{2^{n-1}}$$

であることにより

$$1 + 1 + \frac{1}{2} + \frac{1}{2^2} + \cdots + \frac{1}{2^{n-1}} = 1 + 1 + 1 - \frac{1}{2^{n-1}} < 3$$

となる．したがって F には上界 3 があり上に有界である．

2.6　関数の極限値

✤ 極限値

x が限りなく 2 に近づくとき，$f(x)$ が A に限りなく近づくならば，

$$f(x) \to A \quad (x \to a)$$

または記号

$$\lim_{x \to 2} f(x) = A$$

で表す．（☞ p.47「ことばとイメージ (5)」を参照.）

$$x^2 \to 4 \quad (x \to 2) \quad \text{であり} \quad \lim_{x \to 2} x^2 = 4$$

である．

一般に x $(x \neq a)$ が関数 $f(x)$ の定義域に属し，限りなく a に近づくとき，$f(x)$ の値が数 A に近づくならば，

$$f(x) \to A \quad (x \to a)$$

または記号

$$\lim_{x \to a} f(x) = A$$

で表し，x が a に近づくとき関数 $f(x)$ は A に**収束**するといい，A をそのときの $f(x)$ の**極限値**という．

✤ 関数の値と極限値

関数 $f(x)$ の $x \to a$ のときの極限値は，$x \neq a$ でありながら $x = a$ に近づくので，$f(x)$ の a における値 $f(a)$ に関係しないし，関数が $x = a$ で定義されていなくても考えることができる．

例 2.3　関数 $f(x) = \dfrac{x^2-4}{x-2}$ は $x = 2$ で定義されていないが，

$$\lim_{x\to 2}\frac{x^2-4}{x-2} = \lim_{x\to 2}(x+2) = 4$$

となる． ◇

✤ 右極限値，左極限値

実数 x の絶対値 $|x|$ は $x \geqq 0$ であれば x を，$x < 0$ であれば $-x$ と定められるので，関数 $f(x) = \dfrac{|x|}{x}$ は $x = 0$ では定義されておらず，

$$f(x) = \begin{cases} 1 & (x > 0) \\ -1 & (x < 0) \end{cases}$$

である．したがって，x が 0 より大きいほうから限りなく 0 に近づくときは，$f(x)$ は 1 に近づく．このことを

$$\lim_{x\to +0}\frac{|x|}{x} = 1$$

と表す．同様に x が 0 より小さいほうから限りなく 0 に近づくとき，$f(x)$ は -1 に近づく．このことを

$$\lim_{x\to -0}\frac{|x|}{x} = -1$$

によって表す．

一般に $\displaystyle\lim_{x\to a+0} f(x) = A$ は，x が a より大きいほうから限りなく a に近づくとき，$f(x)$ が A に近づくということを意味する．このとき A を**右極限値**と

いう．$\lim_{x \to a-0} f(x) = B$ も同様に定義され，B を**左極限値**という．$x \to +0$, $x \to -0$ はそれぞれ $x \to 0+0$, $x \to 0-0$ のことである．

x が a に近づくとき関数 $f(x)$ が収束するための必要十分条件は，x が a に近づくとき，右極限値と左極限値がともに存在して等しいことである．

関数 $\dfrac{|x|}{x}$ については，x が 0 に近づくときの右極限値と左極限値は存在するが，それらが異なるので，極限値 $\lim_{x \to 0} \dfrac{|x|}{x}$ は存在しない．

✤ 関数値が限りなく大きくなる

$x \to +0$ のとき $\dfrac{1}{x}$ は限りなく大きくなる．このことを

$$\frac{1}{x} \to \infty \quad (x \to +0)$$

または

$$\lim_{x \to +0} \frac{1}{x} = \infty$$

によって表す．$\dfrac{1}{x} \to \infty$ は ∞ という数に限りなく近づくということではなく，「限りなく大きくなるという性質がある」ということを意味している．このことをまた，$x \to +0$ のとき $\dfrac{1}{x}$ は ∞ に**発散**するという．

同様に

$$\lim_{x \to -0} \frac{1}{x} = -\infty$$

が成り立つ．そして，$x \to -0$ のとき $\dfrac{1}{x}$ は $-\infty$ に発散するという．

✤ 変数が限りなく大きくなる

$x \to \infty$ は x が限りなく大きくなることを意味する．

$$\frac{1}{x} \to 0 \quad (x \to \infty),$$

あるいは

$$\lim_{x\to\infty}\frac{1}{x}=0$$

は x が限りなく大きくなれば，関数 $1/x$ の値は限りなく 0 に近づくことを意味する．

✤ 極限値の性質

関数の極限値について次の定理が成り立つ．

定理 2.1 関数 $f(x)$ と $g(x)$ が共に $x=a$ の近くで定義されていて，

$$\lim_{x\to a}f(x)=A,\quad \lim_{x\to a}g(x)=B$$

であるとする．極限について次の (1) ～ (5) が成り立つ．

(1) $\lim_{x\to a}\{f(x)+g(x)\}=A+B$

(2) $\lim_{x\to a}cf(x)=cA$ (c は定数)

(3) $\lim_{x\to a}\{f(x)g(x)\}=AB$

(4) $B\neq 0$ ならば

$$\lim_{x\to a}\frac{f(x)}{g(x)}=\frac{A}{B}$$

(5) $x\neq a$ である a の近くで $f(x)\leqq g(x)$ であれば，$A\leqq B$ である．

例えば，(1) については

$$\lim_{x\to a}\{f(x)+g(x)\}=\lim_{x\to a}f(x)+\lim_{x\to a}g(x)$$

と書き直すことができるが，$\lim_{x\to a}f(x)$ と $\lim_{x\to a}g(x)$ が存在する場合に極限値 $\lim_{x\to a}\{f(x)+g(x)\}$ が存在するということを明確にするために，(1) の形で表現している．

(1) と (2) の $c=-1$ の場合を組み合わせれば

$$\begin{aligned}\lim_{x\to a}\{f(x)-g(x)\} &= \lim_{x\to a}f(x)+\lim_{x\to a}(-g(x)) \\ &= \lim_{x\to a}f(x)-\lim_{x\to a}g(x) \\ &= A-B\end{aligned}$$

が成り立つ．

定理の (5) から次の**はさみ打ちの原理**が導かれる．

(6) $x \neq a$ である a の近くで $f(x) \leqq h(x) \leqq g(x)$ であり，$x \to a$ のとき $f(x)$ も $g(x)$ も同じ極限値に収束すれば，$h(x)$ も同じ極限値に収束する．

また，定理 (5) の逆については次の形で成り立つ．

(7) $x \to a$ のとき $f(x) \to A$ かつ $g(x) \to B$ であり，$A < B$ であれば，a の十分近くの $x\,(\neq a)$ に対しては $f(x) < g(x)$ でなければならない．

したがって，$f(x) \to A$ $(x \to a)$ のとき，$A > 0$ であれば a の十分近くの $x\,(\neq a)$ に対して $f(x) > 0$ であり，$A < 0$ であれば a の十分近くの $x\,(\neq 0)$ に対して $f(x) < 0$ である．

2.7 数列の極限値

関数の極限値を考えるとき，数列の極限値を考えることが必要になることがある．

有限個または無限個の数の並びを**数列**という．数列

$$a_1,\, a_2,\, a_3,\, \cdots,\, a_n,\, \cdots$$

を $\{a_n\}$ と表そう．一般に無限数列 $\{a_n\}$ について，n が限りなく大きくなったとき，a_n が A に近づくならば，この数列は A に**収束**するといい，A をそのときの**極限値**という．このことを，記号

$$a_n \to A \quad (n \to \infty)$$

または

$$\lim_{n\to\infty} a_n = A$$

によって表す．数列の極限について，関数の極限に成り立つ性質 (定理 2.1) と同様の性質が成り立つ．

定理 2.2 数列 $\{a_n\}$ と $\{b_n\}$ が収束するとき，$\{a_n+b_n\}$, $\{ca_n\}$, $\{a_nb_n\}$ と，$\lim_{n\to\infty} b_n \neq 0$ であれば $\{a_n/b_n\}$ も，収束し，次の (1) ∼ (5) が成り立つ：

(1) $\lim_{n\to\infty}(a_n+b_n)=\lim_{n\to\infty}a_n+\lim_{n\to\infty}b_n$

(2) $\lim_{n\to\infty}ca_n=c\lim_{n\to\infty}a_n$

(3) $\lim_{n\to\infty}(a_nb_n)=\left(\lim_{n\to\infty}a_n\right)\left(\lim_{n\to\infty}b_n\right)$

(4) $\lim_{n\to\infty}\dfrac{a_n}{b_n}=\dfrac{\lim_{n\to\infty}a_n}{\lim_{n\to\infty}b_n}$

(5) 高々有限個の n を除いて $a_n \leqq b_n$ であれば，$\lim_{n\to\infty}a_n \leqq \lim_{n\to\infty}b_n$ である．

例 2.4 (1) $\lim_{n\to\infty}\dfrac{3n-1}{n+1}=\lim_{n\to\infty}\dfrac{3-\dfrac{1}{n}}{1+\dfrac{1}{n}}=\dfrac{3-0}{1+0}=3$

(2) $\lim_{n\to\infty}\dfrac{2n+3}{n^2-n}=\lim_{n\to\infty}\dfrac{\dfrac{2}{n}+\dfrac{3}{n^2}}{1-\dfrac{1}{n}}=\dfrac{0+0}{1-0}=0$

(3) $\lim_{n\to\infty}(n^2-n)=\lim_{n\to\infty}n^2-\lim_{n\to\infty}n=\infty-\infty=0$ とするのは間違いである．正しくは次のようにする．

$$\lim_{n\to\infty}(n^2-n)=\lim_{n\to\infty}n^2\left(1-\frac{1}{n}\right)=\infty.$$

◇

2.8　有界単調数列の収束と実数の連続性

数列 $\{a_n\}$ はすべての n について $a_n \leqq a_{n+1}$ を満たすとき，**単調増加**であるという．単調増加数列が上に有界であれば，この数列は実数の連続性の公理によって存在が保証される上限 $a = \sup\{a_n \mid n = 1, 2, \cdots\}$ に収束する．実際，任意の $\varepsilon > 0$ に対して $a - \varepsilon$ は上界ではなので $a - \varepsilon < a_N \leqq a$ となる a_N がある．$n > N$ とすれば $a_N \leqq a_n$ であることにより $a - \varepsilon < a_n \leqq a$ を満たす．したがって，$a_n \to a$ である．こうして次の定理が得られた．

> **定理 2.3**　上に有界な単調増加な実数列は収束する．

この定理は「下に有界な単調減少数列は収束する」という定理と同値である．実は，定理 2.3 から実数の連続性の公理を証明できる．すなわち，定理2.3 は連続性の公理と同値な定理である．

例 2.5：数列 $\{r^n\}$ ($|r| < 1$) の極限値　$0 < |r| < 1$ とする．$\dfrac{1}{|r|} > 1$ であるから，$\dfrac{1}{|r|} - 1 = a$ とおけば $a > 0$ であり，二項定理を使えば

$$\frac{1}{|r|^n} = (1 + a)^n = 1 + na + \frac{n(n-1)}{2}a^2 + \cdots + a^n > 1 + na$$

が成り立つ．したがって，

$$0 < |r^n| = |r|^n < \frac{1}{1 + na} \ \to\ 0 \quad (n \ \to \infty)$$

となって $r^n \to 0$ が示された．　◇

2.9　総和記号 $\sum$

数列 $a_1, a_2, \cdots, a_n$ をすべて足し合わせる記号として $\sum$ (シグマ) が使われる：

$$\sum_{i=1}^{n} a_i = a_1 + a_2 + \cdots + a_n.$$

i が 1 から n までの a_i すべての和であるから，添字 i は

$$\sum_{i=1}^{n} a_i = \sum_{k=1}^{n} a_k$$

のように，別の文字に変えてもよい．総和記号について次の計算規則が成り立つ．

$$\sum ca_i = c\sum_{i=1}^{n} a_n, \quad \sum_{i=1}^{n}(a_i + b_i) = \sum_{i=1}^{n} a_i + \sum_{i=1}^{n} b_n.$$

例 2.6

$$(k+1)^2 - k^2 = 2k + 1$$

であるから，これの $k = 1$ から n までの和を取れば

$$\sum_{k=1}^{n}\{(k+1)^2 - k^2\} = \sum_{k=1}^{n}(k+1)^2 - \sum_{k=1}^{n} k^2 = (n+1)^2 - 1$$

と

$$\sum_{k=1}^{n}(2k+1) = 2\sum_{k=1}^{n} k + n$$

が等しいので

$$\sum_{k=1}^{n} k = \frac{1}{2}\{(n+1)^2 - 1 - n\} = \frac{n(n+1)}{2}$$

が得られる．同じように $(k+1)^3 - k^3 = 3k^2 + 3k + 1$ から

$$\sum_{k=1}^{n} k^2 = \frac{1}{3}\left((n+1)^3 - 1 - \frac{3n(n+1)}{2} - n\right) = \frac{n(n+1)(2n+1)}{6}$$

となる．

$$\sum_{k=1}^{n} k^3 = \left(\frac{n(n+1)}{2}\right)^2$$

も同様に証明される． ◇

例 2.7　$(a+b)^n$ を展開した式は**二項定理**と呼ばれる (☞ p.44「課外授業 2.3」を参照)．それは $a^{n-k}b^k$ $(k=0,1,2,\cdots,n)$ に係数 (二項係数)

$$\binom{n}{k} = {}_nC_k = \frac{n!}{k!(n-k)!} = \frac{n(n-1)\cdots(n-k+1)}{k!}$$

を掛けて和を取った

$$(a+b)^n = \sum_{k=0}^{n} \frac{n(n-1)\cdots(n-k+1)}{k!} a^{n-k}b^k$$

である．ここで ${}_nC_0 = 1$ である． ◇

2.10　自然対数の底 e (その 2)

✤ $e = \lim_{n\to\infty}\left(1+\frac{1}{n}\right)^n$

§2.5 において数列 $a_n = \left(1+\frac{1}{n}\right)^n$，$n=1,2,\cdots$ に対してこれが上に有界であることを示し，その上限を e で表した．ここでは，§2.8 より数列 $\{a_n\}$ は単調増加であることを示せば，それによって $a_n \to e\,(n\to\infty)$ が示される．二項定理によって

$$a_n = 1 + \sum_{k=1}^{n} a_{n,k}, \quad a_{n,k} = \frac{n(n-1)\cdots(n-k+1)}{k!}\frac{1}{n^k}$$

と表すことができる．

$$a_{n,k} = \frac{1}{k!}\left(1-\frac{1}{n}\right)\cdots\left(1-\frac{k-1}{n}\right)$$

であるから

$$a_{n,k} < a_{n+1,k}$$

が成り立つ．したがって，

$$a_n = 1 + \sum_{k=1}^{n} a_{n,k} < 1 + \sum_{k=1}^{n} a_{n+1,k} < 1 + \sum_{k=1}^{n+1} a_{n+1,k} = a_{n+1}$$

となり，$\{a_n\}$ は単調増加であることが分かる．したがって

$$\lim_{n\to\infty}\left(1+\frac{1}{n}\right)^n = e$$

が成り立つ．

✤ e のもう一つの表示式

§2.5 において

$$a_n < 1 + 1 + \frac{1}{2} + \cdots + \frac{1}{n!} < 3$$

であることを述べた．中の和は n が増えれば単調に増加し，それが有界であるから収束する．その極限値を s としよう：

$$s = 1 + 1 + \frac{1}{2!} + \cdots + \frac{1}{n!} + \cdots .$$

するとすべての n について

$$a_n < 1 + 1 + \frac{1}{2!} + \cdots + \frac{1}{n!} < s$$

であるから，$e \leqq s$ であることが分かる．また，任意の $m \in \mathbb{N}$ に対して，$n > m$ であれば

$$a_n = 1 + \sum_{k=1}^{n} a_{n,k} > 1 + \sum_{k=1}^{m} a_{n,k}$$

であるから，$n \to \infty$ とすれば

$$e \geqq 1 + \sum_{k=1}^{m} \lim_{n\to\infty} a_{n,k} = 1 + 1 + \frac{1}{2!} + \cdots + \frac{1}{m!}$$

となる．ここで $m \to \infty$ とすれば $e \geqq s$ が成り立つ．ゆえに $e = s$，すなわち

$$e = \sum_{n=0}^{\infty} \frac{1}{n!} = 1 + 1 + \frac{1}{2!} + \cdots + \frac{1}{n!} + \cdots$$

が得られた．

自然対数の底 e の具体的な数値は

$$e = 2.718281828459045235 36\cdots$$

と無限小数で表される．

2.11　関数の極限値と数列の極限値

関数の極限値と数列の極限値の間に次の関係がある．

定理 2.4　$\lim_{x\to a} f(x) = A$ となるための必要十分条件は，$\lim_{n\to\infty} a_n = a$ を満たす $f(x)$ の定義域に入るどんな数列 $\{a_n\}$ に対しても，$\lim_{n\to\infty} f(a_n) = A$ となることである．

この定理では $\lim_{n\to\infty} a_n = a$ を満たすどんな数列 $\{a_n\}$ に対してもというところが重要である．例えば (0, 1/2] で定義された関数

$$f(x) = \begin{cases} 0 & \left(x = \dfrac{1}{2n}\right) \\ 1 & (\text{その他}) \end{cases}$$

については，$a_n = \dfrac{1}{2n}$ とすれば，$n \to \infty$ のとき $a_n \to 0$ であり，$f(a_n) = 0$ であるから $\lim_{n\to\infty} f(a_n) = 0$ となる．ところが，$a_n = \dfrac{1}{2n+1}$ とすれば，$n \to \infty$ のとき $a_n \to 0$ であり，$f(a_n) = 1$ であるから $\lim_{n\to\infty} f(a_n) = 1$ である．したがって，$\lim_{x\to +0} f(x)$ は存在しない．

2.12　極限値の厳密な定義の必要性について

数列の極限について，次の命題を考えよう．

命題 2.1 $\lim_{n\to\infty} a_n = a$ ならば $\lim_{n\to\infty} \frac{a_1 + a_2 + \cdots + a_n}{n} = a$ となる．

この命題は正しいのであるが，そのことを確認することはそれほど容易なことではない．説得力のある説明のためには，数列の極限値についての論理的な定義が必要となる．また関数の極限値についても正確な議論をするためにはその論理的な定義が必要となる．

数学の歴史を見ると，関数の極限値や数列の極限値について直感的な取り扱いを行っていたために，そこに起因した誤りや矛盾が生まれている．そうした誤りや矛盾に対応する中で，それらの誤りや矛盾が極限値の取り扱いのあいまいさに原因があることに気づき，それを克服するために関数の極限値についてのイプシロン・デルタ論法と呼ばれる定義や，数列の極限値についてのイプシロン・N 論法と呼ばれる定義が生まれた．特に複数の極限が絡む議論においては，イプシロン・デルタ論法やイプシロン・N 論法を用いた議論が必要になる(☞ p.43「課外授業 2.1」を，命題 2.1 の証明は p.46「課外授業 2.5」を参照)．

2.13 関数の連続性

✤ 連続

関数 $f(x) = x^2$ について

$$\lim_{x\to 1} f(x) = \lim_{x\to 1} x^2 = 1 = f(1)$$

が成り立つ．すなわち，$f(x) \to f(1)$ $(x \to 1)$ が成り立っている．このことは，関数 $y = x^2$ のグラフが $x = 1$ でつながっていることを意味する．

一般に，関数 $f(x)$ とその定義域に属す点 a に対して

$$\lim_{x\to a} f(x) = f(a)$$

が成り立つとき，この関数は a において**連続**であるという．また実数の集合 D のすべての点で連続のとき，関数は D で**連続**であるという．

例えば，関数 $f(x) = x^2$ に対しては

$$\lim_{x \to a} f(x) = \lim_{x \to a} x^2 = a^2 = f(a)$$

がすべての実数 a に対して成り立ち連続である．したがって，$f(x)$ は $(-\infty, \infty)$ で連続である．

定理 2.1 の極限値の性質によって，二つの連続関数の和，差，積は連続関数であり，分母となる連続関数が 0 でないところでは商も連続である．したがって，$y = x$ は $(-\infty, \infty)$ で連続であることより，任意の自然数 n について $y = x^n$ も $(-\infty, \infty)$ で連続である．

✤ 右連続，左連続

関数 $f(x)$ とその定義域に属す点 a に対して

$$\lim_{x \to a+0} f(x) = f(a)$$

が成り立つとき，この関数は a において**右連続**であるという．また

$$\lim_{x \to a-0} f(x) = f(a)$$

であるとき，a において**左連続**であるという．

関数が a において連続である必要十分条件は，この関数が a において右かつ左連続であることである．開区間でない区間で連続というとき，区間の端点では右連続または左連続を考える．

例 2.8　関数 $f(x) = \sqrt{x}$ は

$$\lim_{x \to +0} f(x) = \lim_{x \to +0} \sqrt{x} = 0 = f(0)$$

を満たすから，0 において右連続である．この関数は $x < 0$ に対しては定義されていないので左極限値は考えられない． ◇

✤ 最大値・最小値の存在

最後に連続関数に対して成立する基本的な定理を証明なしに述べておく．この定理の証明をするには，実数の連続性を用いることが必要である．

定理 2.5 有界閉区間において連続な関数は，この区間において最大値と最小値をとる．

この定理における二つの条件，有界閉区間で定義されていること，および，その有界閉区間で連続であること，の両方を満たさなければ，最大値と最小値がともに存在するという結論は必ずしも成り立たない．例えば，

$$f(x) = \begin{cases} x & (0 \leqq x < 1) \\ 0 & (x = 1) \end{cases}$$

は有界閉区間 $[0, 1]$ で定義されているが，$x = 1$ で連続ではなく最大値が存在しない．また，

$$f(x) = x \qquad (0 \leqq x < 1)$$

は有界区間 $[0, 1)$ で定義された連続関数であるが，$[0, 1)$ は閉区間ではなく最大値が存在しない．

✤ 中間値の定理

次の**中間値の定理**も連続関数の重要な性質である．

定理 2.6：中間値の定理 関数 $f(x)$ が区間 $[a, b]$ で連続で $f(a) \neq f(b)$ とすると，$f(a)$ と $f(b)$ の間の任意の数 C に対して $f(c) = C$ となる $c\,(a < c < b)$ がある．

直感的には明らかに思われるこの定理も実数の連続性を用いて証明される．定理より区間を定義域とする連続関数の値域は区間であることが分かる．また狭義単調な連続関数には逆関数があるが，これについて次の定理が成立する．

定理 2.7 連続な狭義単調増加 (減少) 関数の逆関数は連続な狭義単調増加 (減少) 関数である.

❖ 課外授業 2.1　イプシロン論法

イプシロン論法というのは関数の極限に関するイプシロン・デルタ論法と，数列の極限に関するイプシロン・N 論法のことである．収束における「限りなく近づく」という概念を「量的に」表すのがイプシロン論法である．

$a_n = \dfrac{3n-1}{n+1} \to a = 3\,(n \to \infty)$ (例 2.5 (1)) は a_n と a との距離 $|a_n - a| = \left|\dfrac{-4}{n+1}\right| = \dfrac{4}{n+1}$ を「いくらでも小さくできる」ということである．$\dfrac{1}{10}$ より小さくしようと思えば $n \geqq 40$ であればよい．$\dfrac{1}{100}$ より小さくしようと思えば $n \geqq 400$ であればよい．$\dfrac{1}{1000}$ より小さくするには $n \geqq 4000$ であればよい．ここで挙げた $\dfrac{1}{10}, \dfrac{1}{100}, \dfrac{1}{1000}$ などはどんな (小さな) 正の数 (それを ε とする) でもよく，それに応じてある番号 $(40, 400, 4000$ など$)$ (それを N とする) があって，$n \geqq N$ であれば $|a_n - a| < \varepsilon$ となるのである．それが $a_n \to a\ (n \to \infty)$ の定義となる：

『任意の $\varepsilon > 0$ に対して $n \geqq N$ であれば $|a_n - a| < \varepsilon$ となる N がある』

関数の収束 $f(x) \to A\ (x \to a)$ の定義は次のようになる：

『任意の $\varepsilon > 0$ に対して $|x - a| < \delta$ であれば $|f(x) - A| < \varepsilon$ となる $\delta > 0$ がある』

❖ 課外授業 2.2　塵も積もれば山になる

「塵も積もれば山になる」というのは塵のような小さなものでも集まれば大きな山にもなるということである．数学的に表現すれば，「任意の正の数 a，b に対して，$na > b$ となる自然数 n がある.」となる．a がどんなに小さくても集めていけばどんなに大きな b も超えてしまうということであり，集合 $\{na \,|\, n = 1,\ 2,\ \cdots\}$ が上に有界ではないという性質であり，**アルキメデス**[2)]**の原理**と呼ばれる．これは自然数の集合 $\mathbb{N}$ が $\mathbb{R}$ の中で上に有界ではないということと同値である．この原理は実数の連続性から証明される．またこの原理から $\dfrac{1}{n} \to 0\ (n \to \infty)$ が導かれる．

[2)] アルキメデス (Archimedes, B.C.287 頃–B.C.212) は古代ギリシャの数学者，物理学者，天文学者，発明家．

❖ 課外授業 2.3　二項定理と二項係数

$$(a+b)^2 = a^2 + 2ab + b^2, \quad (a+b)^3 = a^3 + 3a^2b + 3ab^2 + b^3$$

などを一般の自然数 n とした $(a+b)^n$ の展開式を与える公式

$$(a+b)^n = a^n + na^{n-1}b + \frac{n(n-1)}{2!}a^{n-2}b^2 + \cdots + nab^{n-1} + b^n$$

を**二項定理**という．展開の各項は $a^{n-k}b^k$ の定数倍であるが，この項が現れるのは

$$(a+b)^n = (a+b)(a+b)\cdots(a+b)$$

の n 個の因子 $a+b$ の b を k 個，a を $n-k$ 個選んだ (順序によらない) 積である．したがって定数は n 個のものから k 個選ぶ選び方，すなわち組合せの数 ${}_nC_k$ である．

n 個のものから k 個選ぶ順序を考えた選び方 (順列) の数 ${}_nP_k$ は $n(n-1)\cdots(n-k+1)$ でそのうち k 個の順序の違いを考慮しないのが組合せであるから，

$${}_nC_k = \frac{{}_nP_k}{k!} = \frac{n(n-1)\cdots(n-k+1)}{k!} = \frac{n!}{k!(n-k)!}$$

となる．ここで，$n! = n(n-1)\cdots 2\cdot 1$ である．${}_nC_0 = {}_nC_n = 1$ となるが，$0! = 1$ と決めておけば $k = 0, 1, 2, \cdots, n$ に対して成立する．${}_nC_k$ を**二項係数**という．これについて

$${}_nC_k = {}_nC_{n-k}, \qquad {}_nC_{k-1} + {}_nC_k = {}_{n+1}C_n$$

が成り立つ．二項係数を並べた図を**パスカルの三角形**という．パスカル[3)]が 1653 年に

1 1
1 2 1
1 3 3 1
1 4 6 4 1
1 5 10 10 5 1
....

図 2.1　パスカルの三角形．右の切手 (リベリア，1999) は朱世傑による「四元玉鑑」(1303) より．(平成 29 年 2 月 2 日 郵模第 2661 号)

詳しく研究したため彼の名前が付けられているが，その歴史は長く，すでに楊輝[4]や朱世傑[5]も研究をしている．

二項係数 ${}_nC_k$ は n が自然数ではない場合にも拡張され $\binom{n}{k}$ と表される．すなわち，実数 α に対して

$$\binom{\alpha}{k} = \frac{\alpha(\alpha-1)(\alpha-2)\cdots(\alpha-k+1)}{k!}$$

である．すると次の (一般化された) 二項定理が成り立つ．α が非負整数ではないとき，

$$(1+x)^\alpha = \sum_{k=0}^{\infty} \binom{\alpha}{k} x^k \quad (|x|<1)$$

が成り立つ．この式はニュートン[6]によって得られたもので，$f(x)=(1+x)^\alpha$ のテイラー[7]展開である．

❖ 課外授業 2.4　e は無理数である

e は無理数であることを示す．実際に e が有理数であるとすれば，$e = \dfrac{m}{n}$ となる自然数 m と n がある．すると

$$e > 1 + 1 + \frac{1}{2!} + \cdots + \frac{1}{n!}$$

であるから，不等式

$$en! > \left(1 + 1 + \frac{1}{2!} + \cdots + \frac{1}{n!}\right) n!$$

が成り立つ．この両辺は自然数であるから，

$$1 \leqq en! - \left(1 + 1 + \frac{1}{2!} + \cdots + \frac{1}{n!}\right) n!$$

---

[3] ブレーズ・パスカル (Blaise Pascal, 1623–1662) はフランスの数学者，哲学者．

[4] 楊輝 (よう・き，1238 頃–1298 頃) は中国南宋末の数学者．

[5] 朱世傑 (しゅ・せいけつ, 1270 頃–1320 頃) は中国元の数学者．

[6] アイザック・ニュートン (Sir Isaac Newton, 1642–1727) はイギリスの数学者・物理学者．

[7] ブルック・テイラー (Brook Taylor, 1685–1731) はイギリスの数学者．

$$
\begin{aligned}
&= \left(e - \sum_{k=0}^{n} \frac{1}{k!}\right) n! = \left(\frac{1}{(n+1)!} + \frac{1}{(n+2)!} + \cdots\right) n! \\
&= \left(\frac{1}{n+1} + \frac{1}{(n+1)(n+2)} + \cdots\right) \\
&< \frac{1}{2} + \frac{1}{2^2} + \frac{1}{2^3} + \cdots = 1
\end{aligned}
$$

となり $1 < 1$ という矛盾が導かれる．よって e は無理数でなければならない．

❖ 課外授業 2.5　命題 2.1 の証明

$b_n = \dfrac{a_1 + a_2 + \cdots + a_n}{n}$ とおく．$a_n \to a\,(n \to \infty)$ であるから，任意の $\varepsilon > 0$ に対して，$n > N$ であれば $|a_n - a| < \varepsilon/2$ となる $N \in \mathbb{N}$ が存在する．$M_N = \max\{|a_1 - a|, \cdots, |a_N - a|\}$ とおき，$n \geqq \dfrac{2NM_N}{\varepsilon}$ とすると

$$
\begin{aligned}
|b_n - a| &\leqq \frac{(|a_1 - a| + \cdots + |a_N - a|) + (|a_{N+1} - a| + \cdots + |a - a_n|)}{n} \\
&\leqq \frac{NM_N}{n} + \frac{\varepsilon}{2} < \varepsilon
\end{aligned}
$$

が成り立つ．したがって $b_n \to a\,(n \to \infty)$ である．

ことばとイメージ(4)

数の連続

日常用語で連続ということばは「連続小説」,「連続殺人」などのように時系列的に続いている事柄を説明するときに使います. 数学において「連続」ということばは「集合が連続」と「関数が連続」と二つの異なった使い方がされます. 関数の連続については§2.13 で述べましたが, 直感的にはグラフである曲線が途切れていない, 跳びがないということです. 順序がある集合が連続ということも, 順序的に「跳び」がないということで, それこそが実数の本質です. どんな 2 元の間にも元があるということは有理数でも満たされる「稠密性」です. どんなに狭い区間にも無数の有理数があるにも関わらず, 有理数だけでは「跳び」があるのです.「跳んでいない」を適格に言い表したのがドイツの数学者リヒャルト・デデキント (Richard Dedekind, 1831–1916) の「切断」という考え方です. デデキントは次のように実数の連続性を述べました.「実数全体を大きい方と小さい方の二つに分けると, 大きい方に最小値があるか, 小さい方に最大値があるかのいずれかである」 つまり, 大きい方に最小値がなく, しかも小さい方にも最大値がなく, すき間ができることはない. これが「実数の上に有界な集合には上限がある」ということと同値であることが示されます. そのため, 本書では後者を「実数の連続性」と呼んでいます.

ことばとイメージ(5)

リミット

$$\lim_{x \to a} f(x) = A$$

は x が a に限りなく近づくとき $f(x)$ が A に限りなく近づくということでした. 記号 lim は limit から来ていて, 黒板に書いて説明するときには, 書く順番に

リミット　x が a に近づくとき　の　$f(x)$　イコール　A

などと読み上げています. リミット (limit) は「極限」のほかには「限界」,「限度」という意味があります. ようするに「限り」です. 限りなくと言いながら「限り (リミット)」と書く. 限りなく (limitlessly) 極限値に (to a limit) 近づいていく.

演習問題 2

A. 確認問題

次の各記述について正誤を判定せよ．

1. 上に有界な実数の集合には最大値がある．

2. 実数の集合 $A = (-3,\,4]$ の上界の全体の集合は $A^{\sim} = [4,\,\infty)$，下界の全体の集合は $A_{\sim} = (-\infty,\,-3]$ であるから，$\inf A = -3$，$\sup A = 4$ である．

3. 実数の集合 $B = \left\{1,\,\dfrac{1}{2},\,\dfrac{1}{3},\,\cdots,\,\dfrac{1}{n},\,\cdots\right\}$ に対し，$\sup B = 1$，$\inf B = -\infty$ である．

4. 実数の集合 $C = \{1,\,-4,\,9,\,-16,\,\cdots,\,(-1)^n n^2,\,\cdots\}$ に対し，上界の全体の集合 $C^{\sim}$ は $\varnothing$ であり，下界の全体の集合 $C_{\sim}$ は $\varnothing$ だから，$\sup C = \infty$，$\inf C = -\infty$ である．

5. 実数の集合 D に最小値 $\min D$ があれば $\inf D = \min D$ である．

6. 実数 a に対して，記号 $[a]$ で a を超えない最大の整数を表すものとする．関数 $f(x) = [x]$ は $(-\infty,\,\infty)$ のすべての点で連続である．

7. 有界な単調数列は収束する．

B.　演習問題

次の極限値を求めよ．

1. $\displaystyle\lim_{x\to 2}\frac{x^3-8}{x-2}$

2. $\displaystyle\lim_{x\to 3}\frac{\sqrt{x}-\sqrt{3}}{x-3}$

3. $\displaystyle\lim_{x\to -2}\frac{x+2}{x^2-4}$

4. $\displaystyle\lim_{x\to 1}\frac{x+1}{(x-1)^2}$

5. $\displaystyle\lim_{x\to 1-0}\frac{1}{(x-1)^3}$

6. $\displaystyle\lim_{x\to \infty}\frac{x^2-1}{x+3}$

7. $\displaystyle\lim_{n\to \infty}\frac{2n+5}{n-1}$

8. $\displaystyle\lim_{n\to \infty}\frac{n-2}{n^2+1}$

第3章 指数関数と対数関数

正の数 a に対して a^x は $a^2 = a \times a$, $a^{2/3} = \sqrt[3]{a^2}$ のように, x が整数や有理数であれば意味が明確であるが, 無理数も含むすべての実数 x に対して a^x を定義することができ, それによって指数関数を考えることができる. 指数関数はその逆関数である対数関数とともに, 微分積分において重要な役割を果たす. それらを用いることによって, いわゆる指数的に増加あるいは指数的に減少する現象を解析的に記述することができるようになる.

本章のキーワード

有理数, 無理数, 指数関数, 指数関数的増加,
対数関数, 自然対数, 自然対数の底

3.1 2 のべき乗 $\mathbf{2^x}$

✤ $\mathbf{2^x}$ の性質

まず 2 を底とする指数関数 $f(x) = 2^x$ をすべての実数 x について定義する. 定義された関数のグラフは図 3.1 の曲線であり, 変数 x の増加に伴い急速に増加する. また次の性質をもっている.

(1) $2^0 = 1$

(2) $2^{x_1} 2^{x_2} = 2^{x_1 + x_2}$

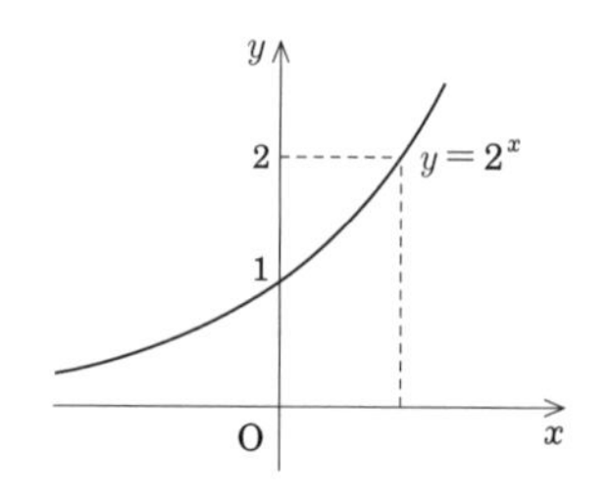

図 **3.1**　$f(x) = 2^x$

(3)　$\dfrac{2^{x_1}}{2^{x_2}} = 2^{x_1 - x_2}$

(4)　$x > 0$ のとき $2^x > 1$

(5)　狭義単調増加関数，すなわち，$x_1 < x_2$ のとき $2^{x_1} < 2^{x_2}$

(6)　2^x は x の関数として $(-\infty, \infty)$ で連続

このうち性質 (3) は，性質 (2) より得られる $2^{x_1} = 2^{x_1 - x_2}2^{x_2}$ の両辺を 2^{x_2} で割れば導くことができる．

また，性質 (5) は，$x_1 < x_2$ とすると $x_2 - x_1 > 0$ となり性質 (4) より $2^{x_2 - \boldsymbol{x}_1} > 1$ となる．したがって，性質 (2) より $2^{x_2} = 2^{x_1}2^{x_2 - x_1} > 2^{x_1}$ となって (6) が示される．

以下において，指数関数 2^x を x が自然数のとき，有理数のとき，無理数のとき，それぞれどのように定めていくかを説明する．

✤ 有理数べき乗

2 のべき乗は n が自然数のとき，$2^n = 2 \cdot 2 \cdots 2$ として 2 を n 個かけた数である．このことから自然数べきに対して性質 (2), (4), (5) と，$x_1 > x_2$ の場合の (3) が成り立つことは容易に分かる．

(1) は 2^0 の定義であるが，性質 (3) において $x_1 = x_2$ としてみれば自然であることが分かる．

自然数 n に対して関数 $y = x^n$ $(x \in [0, \infty))$ は連続な狭義単調増加で，値域が $[0, \infty)$ であるから，例 1.1 (p.17) で述べたように $2 = x^n$ を満たす正の数 x がただ一つあり，この x が 2 の正の n 乗根 $\sqrt[n]{2}$ であり，これを $2^{\frac{1}{n}}$ と表す．

(正の) **有理数**は自然数 m, n によって，$x = \dfrac{m}{n}$ で表される数である．有理数 $\dfrac{m}{n}$ に対して，$2^{\frac{m}{n}} = (2^{\frac{1}{n}})^m$ と定義する．

$\dfrac{2}{3} = \dfrac{4}{6}$ のように有理数の表し方は一通りではない．しかし正の有理数 x の表示の仕方にかかわらず 2^x はただ一つ定まる．実際，$x = \dfrac{m}{n} = \dfrac{m'}{n'}$ とすると $mn' = m'n$ が成り立つ．$2^{\frac{m}{n}}$ と $2^{\frac{m'}{n'}}$ はともに nn' 乗すれば $2^{mn'} = 2^{m'n}$ となり，そのような正数はただ一つであるから $2^{\frac{m}{n}} = 2^{\frac{m'}{n'}}$ が成り立つ．

正の有理数べきに対しても性質 (2), (4), (5) と，$x_1 > x_2$ の場合の (3) が成り立つ．例えば，(2) に相当する

$$2^{\frac{m}{n}} 2^{\frac{m'}{n'}} = 2^{\frac{m}{n} + \frac{m'}{n'}}$$

が成り立つのは，両辺を nn' 乗すれば，

$$\begin{aligned}
(2^{\frac{m}{n}} 2^{\frac{m'}{n'}})^{nn'} &= (2^{\frac{m}{n}})^{nn'} (2^{\frac{m'}{n'}})^{nn'} \\
&= (2^{\frac{1}{n}})^{mnn'} (2^{\frac{1}{n'}})^{m'nn'} \\
&= 2^{mn'} 2^{m'n} = 2^{mn'+m'n}, \\
(2^{\frac{m}{n} + \frac{m'}{n'}})^{nn'} &= (2^{\frac{mn'+m'n}{nn'}})^{nn'} \\
&= (2^{\frac{1}{nn'}})^{(mn'+m'n)nn'} \\
&= 2^{mn'+m'n}
\end{aligned}$$

となって同じ数になり，そのような数はただ一つだからである．

✤ $2^{\frac{1}{n}}$

自然数 n について，$2^{\frac{1}{n}}$ とは $x^n = 2$ を満たす正数 x のことであった．これについて，

$$2^{\frac{1}{n}} \to 1 \quad (n \to \infty) \tag{3.1}$$

が成り立つ．なぜなら，$2^{\frac{1}{n}} > 1$ であるから，$2^{\frac{1}{n}} = 1 + a_n$ とおくと $a_n > 0$ となる．$n \to \infty$ のときの極限値を考えるので，$n > 1$ とする．$(1 + a_n)^n = 2$

であるから，二項定理より

$$2 > 1 + na_n$$

が成り立つ．したがって，

$$0 < a_n < \frac{1}{n}$$

であり，$a_n \to 0\ (n \to \infty)$ となる．こうして (3.1) を示すことができた．

✤ 無理数べき乗

有理数ではない実数を**無理数**という．例えば，$\sqrt{2}, \sqrt{3}$ 等は無理数である．

例 3.1[1]　$\sqrt{2}$ は無理数であることを示す．$\sqrt{2}$ が有理数であると仮定してみよう．すると $\sqrt{2}-1$ も有理数であり，$1 < \sqrt{2} < 2$ であるから，$0 < \sqrt{2} - 1 < 1$ となる．そこで $(\sqrt{2}-1)n$ が自然数となる最小の自然数 n をとる．$m = (\sqrt{2}-1)n$ とおくと，$m < n$ であって

$$\begin{aligned}(\sqrt{2}-1)m &= (\sqrt{2}-1)^2 n = (2 - 2\sqrt{2} + 1)n \\ &= n - 2(\sqrt{2}-1)n = n - 2m\end{aligned}$$

であるから，最左辺から正であること，最右辺から整数であることが分かり，$(\sqrt{2}-1)m$ も自然数である．これは n が $\sqrt{2}-1$ を掛けて自然数となる最小の自然数であることに反する．したがって，$\sqrt{2}$ は有理数ではない．したがって，$\sqrt{2}$ は無理数である．　◇

このように主張したい命題の否定を仮定して，矛盾を導くことによってその命題を証明する方法を**背理法**という．

x を正の無理数とするとき，r が $r \leqq x$ となる有理数全体にわたる 2^r の集合は上に有界であるから，

---

[1] 自然数 k に対して $\sqrt{k}$ が自然数ではないならば $\sqrt{k}$ は無理数であることが同様の証明法で示される．Alexander Bogomolny, *Square root of* 2 *is irrational*, from Interactive Mathematics Miscellany and Puzzles.
http://www.cut-the-knot.org/proofs/sq_root.shtml

$$2^x = \sup\{2^r \mid r \text{ は } r \leqq x \text{ を満たす正の有理数}\}$$

とおく.

これによって，正の実数べきの場合に (1), (2), (3) が成り立つことを示すことができる．そのために，まず $r_1, r_2, \cdots, r_n, \cdots$ を正の実数 x に小さい方から収束する有理数列とすると，

$$\lim_{n\to\infty} 2^{r_n} = 2^x \tag{3.2}$$

が成り立つことを示す．$s_1, s_2, \cdots, s_n, \cdots$ を x に大きい方から収束する有理数列とすると，

$$0 < 2^x - 2^{r_n} < 2^{s_n} - 2^{r_n} = 2^{r_n}(2^{s_n - r_n} - 1) < 2^{s_1}(2^{s_n - r_n} - 1)$$

が成り立つ．この後本節で $2^x \to 1$ $(x \to 0)$ が成り立つことを示すが，その証明と同じ論法を x が有理数の場合に適用することによって，

$$\lim_{n\to\infty} 2^{s_n - r_n} = 1$$

が成り立つことを示すことができるので，(3.2) が示される.

例えば，(2) を示すには，$r_1, r_2, \cdots, r_n, \cdots$ を x_1 に小さい方から収束する有理数列，$r'_1, r'_2, \cdots, r'_n, \cdots$ を x_2 に小さい方から収束する有理数列とすると，$r_1 + r'_1, r_2 + r'_2, \cdots, r_n + r'_n, \cdots$ は $x_1 + x_2$ に小さい方から収束する有理数列である．したがって，

$$2^{x_1+x_2} = \lim_{n\to\infty} 2^{r_n + r'_n} = \lim_{n\to\infty} 2^{r_n} 2^{r'_n} = \lim_{n\to\infty} 2^{r_n} \lim_{n\to\infty} 2^{r'_n} = 2^{x_1} 2^{x_2}$$

となる.

✤ 指数関数 2^x

x を負の実数とするとき，$-x$ は正の実数であるから，2^{-x} はすでに定めたので

$$2^x = \frac{1}{2^{-x}}$$

とおく．以上によりすべての実数に対して 2^x が定まる.

次に，$x \to 0$ のときに $2^x \to 1$ が成り立つことを示す．なぜなら，

$$n \leqq \frac{1}{|x|} < n+1$$

を満たす自然数 n を考えると，$-\dfrac{1}{n} \leqq x \leqq \dfrac{1}{n}$ であるから，

$$\frac{1}{2^{\frac{1}{n}}} \leqq 2^x \leqq 2^{\frac{1}{n}}$$

となり，$x \to 0$ のとき，$n \to \infty$ であるので，前に示した (3.1) を用いると，$2^x \to 1$ $(x \to 0)$ が成り立つ．これを用いると，

$$\lim_{x \to x_0} 2^x = \lim_{x-x_0 \to 0} 2^{x-x_0} 2^{x_0} = 1 \times 2^{x_0} = 2^{x_0}$$

が成り立ちつが，これは関数 2^x が $x = x_0$ で連続であることを示している．x_0 は任意であるから関数 2^x は $(-\infty, \infty)$ で連続である．

3.2　指数関数 a^x

$a > 1$ とするとき，a を底とする指数関数 a^x も，2^x のときと同様に a の有理数乗を定め，それを用いて a の有理数乗を定義することができる．このときも次の性質が成り立つ．

(1)　$a^0 = 1$

(2)　$a^{x_1} a^{x_2} = a^{x_1 + x_2}$

(3)　$\dfrac{a^{x_1}}{a^{x_2}} = a^{x_1 - x_2}$

(4)　$x > 0$ のとき $a^x > 1$

(5)　$x_1 < x_2$ のとき $a^{x_1} < a^{x_2}$

(6)　a^x は x の関数としてすべての x で連続

(7)　$a^x \to \infty$ $(x \to \infty)$，$a^x \to 0$ $(x \to -\infty)$

なお，$0 < a < 1$ のときは，$\dfrac{1}{a} > 1$ であるから，$\left(\dfrac{1}{a}\right)^x$ はすべての実数 x に対して定まっているので，

$$a^x = \left(\frac{1}{a}\right)^{-x} \qquad (-\infty < x < \infty)$$

とする．$0 < a < 1$ のときは，(4) と (5) の結論は不等号が逆に，(7) では $x \to \infty$ と $x \to -\infty$ が入れ替わる．また，$a = 1$ のときは，

$$1^x = 1 \qquad (-\infty < x < \infty)$$

とする．

指数関数 $y = a^x$ のグラフは図 3.2 になる．

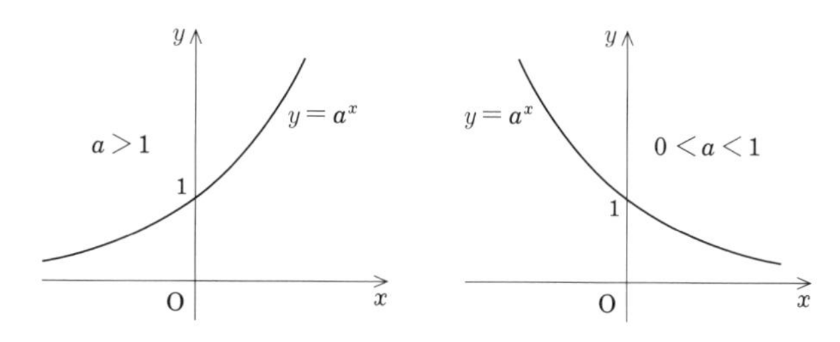

図 **3.2**　$y = a^x$

(8)　a, b を正の実数とすれば $(ab)^x = a^x b^x$.

実際，例えば，$a > 1$, $b > 1$, $x > 0$ に対して

$$(a^{\frac{m}{n}} b^{\frac{m}{n}})^n = (a^{\frac{m}{n}})^n (b^{\frac{m}{n}})^n = a^m b^m = (ab)^m$$

となるから

$$(ab)^{\frac{m}{n}} = a^{\frac{m}{n}} b^{\frac{m}{n}}$$

となり，正の有理数 r に対して，$(ab)^r = a^r b^r$ が成り立つ．したがって有理数列の極限である無理数 x に対しても (8) が成り立つ．

(9)　実数 x, p について $(a^x)^p = a^{xp}$ が成り立つ．

これは次の理由による．まず

$$((a^{\frac{1}{n}})^m)^n = (a^{\frac{1}{n}})^{mn} = ((a^{\frac{1}{n}})^n)^m = a^m$$

であるから，

$$(a^{\frac{1}{n}})^m = (a^m)^{\frac{1}{n}}$$

となる．また

$$((a^{\frac{1}{n}})^{\frac{1}{n'}})^{nn'} = (a^{\frac{1}{n}})^n = a$$

より

$$(a^{\frac{1}{n}})^{\frac{1}{n'}} = a^{\frac{1}{nn'}}$$

であるから，x も p も有理数であれば $(a^x)^p = a^{xp}$ となることが分かる．$p = \dfrac{m}{n}$, $m, n \in \mathbb{N}$ のとき $a^p = \sqrt[n]{a^m}$ であるが，t の関数 t^m は連続関数，s の関数 $t = \sqrt[n]{s}$ は $s = t^n$ の逆関数であるから連続であり，$y = \sqrt[n]{t^m}$ は t の連続関数である．したがって $\{a_k\}$ が a に収束する有理数列であれば

$$\lim_{k\to\infty} a_k^p = a^p \tag{3.3}$$

である．したがって，p は有理数で x が実数のときは，$\{x_k\}$ を x に収束する有理数列とすると，上に述べたことと (6) により

$$(a^x)^p = \lim_{k\to\infty}(a^{x_k})^p = \lim_{k\to\infty} a^{x_k p} = a^{xp}$$

となる．p が実数であれば p に収束する有理数列 $\{p_k\}$ に対して，(6) により

$$(a^x)^p = \lim_{k\to\infty}(a^x)^{p_k} = \lim_{k\to\infty} a^{xp_k} = a^{xp}$$

となる．

3.3　対数関数

$a > 1$ とするとき，指数関数 $y = a^x$ は $(-\infty, \infty)$ を定義域とする狭義単調増加関数であるから，1 対 1 である．したがって，値域 $(0, \infty)$ を定義域とする逆関数が存在する．この逆関数を記号

$$x = \log_a y$$

で表し，a を**底**とする**対数関数**と呼ぶ．すなわち，正数 y に対して，$\log_a y$ は $a^x = y$ を満たす実数 x のことである．

対数関数 $y = \log_a x$ の定義域は $(0, \infty)$，値域は $(-\infty, \infty)$ であり，$y = a^x$ は連続関数であるから，定理 2.7 により，逆関数 $y = \log_a x$ も連続であり，そのグラフは図 3.3 の曲線である．

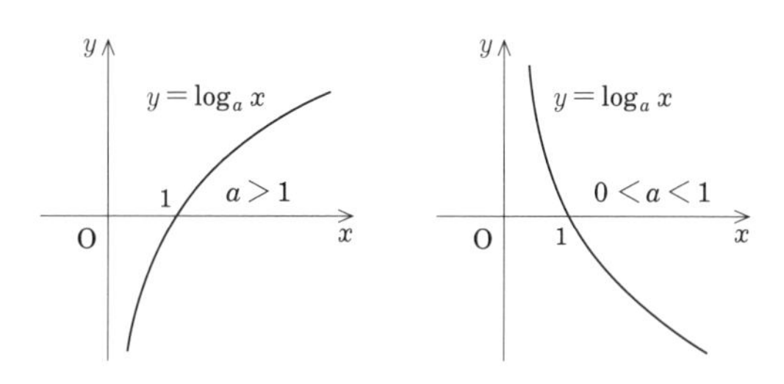

図 3.3　対数関数

3.4　対数関数の性質

対数関数 $\log_a x$ については次の性質が成り立つ．

(1)　$\log_a 1 = 0,\ \log_a a = 1$

(2)　二つの正数 x_1, x_2 について $\log_a(x_1x_2) = \log_a x_1 + \log_a x_2$

(3)　二つの正数 x_1, x_2 について $\log_a \dfrac{x_1}{x_2} = \log_a x_1 - \log_a x_2$

(4)　正数 x と実数 t に対して $\log_a x^t = t\log_a x$

(5)　$x, a, b > 0$ で $a \neq 1,\ b \neq 1$ であるとき $\log_b x = \dfrac{\log_a x}{\log_a b}$

(6)　$\log_a x$ は x の関数としてすべての $x > 0$ で連続

(7)　$a > 1$ のとき $x \to \infty$ ならば $\log_a x \to \infty$，$x \to +0$ ならば $\log_a x \to -\infty$ であり，$a < 1$ のとき $x \to \infty$ ならば $\log_a x \to -\infty$，$x \to +0$ ならば $\log_a x \to \infty$

(2) については，$y_1 = \log_a x_1$，$y_2 = \log_a x_2$ とおくと，$a^{y_1} = x_1$，$a^{y_2} = x_2$ が成り立つから，$x_1x_2 = a^{y_1}a^{y_2} = a^{y_1+y_2}$ である．したがって $y_1 + y_2 = \log_a(x_1x_2)$ となり (2) が成り立つ．

(3) については

$$\log_a x_1 = \log_a \left(\frac{x_1}{x_2} \cdot x_2\right) = \log_a \frac{x_1}{x_2} + \log_a x_2$$

より得られる．

(4) については，$y = \log_a x$ ならば $x = a^y$ であり，$x^t = (a^y)^t = a^{ty}$ となり $ty = \log_a x^t$ が得られる．

(5) については，$t = \log_b x$ とすれば，$x = b^t$ であるから $\log_a x = \log_a b^t = t \log_b$ となり $t = \log_a x / \log_a b$ が得られる．

(6) は前節ですでに述べた．(7) は $x = a^y$ の性質より得られる．

3.5　e を底とする指数関数 e^x と対数関数 $\log x$

例 2.3 の $e = 2.718\cdots$ を底とする対数関数 $\log_e x$ は指数関数 e^x の逆関数であり，**自然対数**とも呼ばれ，e を省略して単に $\log x$ と表す．あるいは $\ln x$ と表すこともある．

指数関数 e^x および対数関数 $\log x$ が特に役立つのは，後の章で説明する導関数がそれぞれ

$$(e^x)' = e^x, \quad (\log x)' = \frac{1}{x}$$

と単純な形になることによる．

3.6　e^x

§2.10 節において，自然対数の底 e について

$$(1) \quad \lim_{n\to\infty} \left(1 + \frac{1}{n}\right)^n = e$$

が成り立つことを見た．さらに，$x > 0$ に対して，$n \leqq x < n+1$ となる n を考えると

$$\left(1 + \frac{1}{n+1}\right)^n < \left(1 + \frac{1}{x}\right)^x < \left(1 + \frac{1}{n}\right)^{n+1}$$

が成り立ち，最左辺と最右辺はともに $n \to \infty$ のとき，e に収束し，$x \to \infty$ のとき $n \to \infty$ となるから

$$\lim_{x\to\infty}\left(1+\frac{1}{x}\right)^x = e$$

が成り立つ．

$$\left(1-\frac{1}{x}\right)^{-x} = \left(1+\frac{1}{x-1}\right)^{x-1}\left(1+\frac{1}{x-1}\right)$$

であることを使えば

$$\lim_{x\to-\infty}\left(1+\frac{1}{x}\right)^x = e \tag{3.4}$$

も成り立つことが分かる．したがって，$h = 1/x$ とおくことによって

$$\lim_{h\to\pm 0}(1+h)^{1/h} = \lim_{x\to\pm\infty}(1+1/x)^x = e \qquad (\text{複号同順})$$

となることが分かる．これはすなわち

$$\lim_{h\to 0}(1+h)^{\frac{1}{h}} = e$$

を意味する．さらに，$x \neq 0$ に対して

$$\lim_{n\to\infty}\left(1+\frac{x}{n}\right)^n = \lim_{n\to\infty}\left\{\left(1+\frac{x}{n}\right)^{\frac{n}{x}}\right\}^x = e^x \tag{3.5}$$

が成り立つ．

3.7 複利法

金額 A (元金) に一定期間に利率 r で利息がつくと，最初の期間後の利息は Ar で元利合計は $A+Ar = A(1+r)$ である．次の期間も元金 A に利息 Ar がつくと元利合計は $A(1+r)+Ar = A(1+2r)$ となる．このように毎期間 Ar が加わる方法を**単利法**といい，n 期間後の元利合計は $A(1+nr)$ となる．これに対して，直前の元利合計を次の期間の元金とする方法を**複利法**という．第 1 期間後には単利法と同じ $A + Ar = A(1+r)$ であるが，第 2 期間後には

$A(1+r)+A(1+r)r = A(1+r)^2$ となる．第 n 期間後の元利合計は $A(1+r)^n$ となる．

複利法において，年利 r であれば 1 年後には $A(1+r)$ であるが，半年ごとに利息の繰り入れをすれば 1 年後の元利合計は $A(1+r/2)^2$ である．この回数を増やして，$\dfrac{1}{n}$ 年ごとに n 回利息の繰り入れをすれば 1 年後の元利合計は

$$A\left(1+\frac{r}{n}\right)^n$$

となる．$n \to \infty$ とすればこの値は Ae^r に収束する．したがって k 年後には Ae^{kr} ということになる．このような利息計算を**連続複利法**という．

3.8　常用対数

底を 10 とする対数を**常用対数**という．$\log_{10} x$ が正の数で $n-1 \leqq \log_{10} x < n$ であれば，$10^{n-1} \leqq x < 10^n$ であるから，x は n 桁の数である．また，$\log_{10} x$ が負の数で $-n \leqq \log_{10} x < -n+1$ であれば，$\dfrac{1}{10^n} \leqq x < \dfrac{1}{10^{n-1}}$ であるから，x は小数点以下 n 桁の数である．

❖ 課外授業 3.1 ネイピアの対数

天文学者は星の位置や軌道を計算するため，航海者は航路の決定のために天文観測とそれに基づく桁数の大きい数の計算を必要とした．そのとき，$x = a^y$ によって，x と y の対応の数表があれば，積 x_1x_2 を計算するためには，対応する数 y_1 と y_2 の和 $y_1 + y_2$ を計算し，それに対応する数 x を求めればよい．また，商 x_1/x_2 を計算するためには差 $y_1 - y_2$ を求めればよい．それを実用化したのがネイピア[2)]である．a としては 1 に近いほうが a^y によって x を近似しやすい．ネイピアは $a = 0.9999999 = 1 - 10^{-7}$ とし，小数点をなくするために 10^7 を掛けて $X = 10^7(1-10^{-7})^Y$ として X に Y を対応させた．$Y = \mathrm{Log}X$ がネイピアの考えた対数である．

$X = 10^7x,\ Y = 10^7y$ とすれば

$$x = \left\{\left(1 - \frac{1}{10^7}\right)^{10^7}\right\}^y \tag{3.6}$$

である．

もし $a = 1.0000001 = 1 + 10^{-7}$ を選べば (3.6) は

$$x = \left\{\left(1 + \frac{1}{10^7}\right)^{10^7}\right\}^y$$

に変わる．$n \to \infty$ となれば，

$$\left(1 + \frac{1}{10^n}\right)^{10^n} \to e$$

であるが，$n = 7$ のときの値は $2.718281692\cdots$ であり，$0 < e - 2.718281692\cdots < \dfrac{2}{10^7}$ である．この値を e と同一視すれば $x = e^y$ であり，$y = \log x$ となる．

これに対してネイピアの元の対応は $x = e^{-y}$ であるから $y = -\log x$ であり，$Y = -10^{-7}(\log X + \log 10^7)$ と考えられる．

---

2) ジョン・ネイピア (John Napier, 1550–1617) はスコットランドの数学者．

演習問題 3

A.　確認問題

次の各記述について正誤を判定せよ.

1. $2^{\frac{1}{6}}$ とは $x^6 = 2$ を満たす数 x のことである.

2. $(3^3)^{\frac{1}{3}} = 3$

3. $3^0 = 3$

4. 関数 $y = 2^x$ の値域は $(-\infty, \infty)$ である.

5. すべての実数 x_1, x_2 に対して, $(2^{x_1})^{x_2} = 2^{x_1+x_2}$ が成り立つ.

6. $y = \log_2 8$ とすれば, $2^y = 8$ であるから $\log_2 8 = 3$ である.

7. すべての実数 x_1, x_2 に対して, $\log_2(x_1x_2) = \log_2 x_1 + \log_2 x_2$ が成り立つ.

8. $x > 0$ のとき $3^{\log_3 x} = x$ が成り立つ.

9. $a > 1$ のとき $x = \log_a a$ とおくと, $a^x = a$ であるから $x = 1$, すなわち $\log_a a = 1$ である.

10. $\lim_{h\to 0}(1+h)^{\frac{1}{h}} = e$

B.　演習問題

1. $a > 0$, $a \neq 1$ とするとき, $y = \log_a x$ と $y = \log_{\frac{1}{a}} x$ のグラフは x 軸に関して対称であることを示せ.

2. $a = \log_{10} 2$ とするとき, $\log_{10} 25$ を a を用いて表せ.

3. $\lim_{h\to 0}(1+ah)^{\frac{1}{h}} = e^a$ が成り立つことを示せ.

第4章 三角関数と逆三角関数

三角関数は測量の必要から生まれた．一般角を考えることによって，三角関数は周期関数になる．ジョゼフ・フーリエ[1)]は周期関数は三角関数の重ね合わせで得られることを示した．それによって，三角関数は応用上の重要性が決定的なものになり，微積分の学習に欠かすことができないものになった．本章では三角関数の性質を複素数を用いて導く．

本章のキーワード

複素数，弧度法，三角関数，周期，加法定理，逆三角関数

4.1 三角比から三角関数へ

$\angle$H が直角である直角三角形 OHP の $\angle$O を θ とし，3 辺の長さをそれぞれ，$\overline{\mathrm{OP}} = r$，$\overline{\mathrm{OH}} = a$，$\overline{\mathrm{PH}} = b$ とするとき，三角比のサイン (正弦)，コサイン (余弦)，タンジェント (正接) は次ように定められる：

$$\cos\theta = \frac{a}{r}, \quad \sin\theta = \frac{b}{r}, \quad \tan\theta = \frac{b}{a} = \frac{\sin\theta}{\cos\theta}.$$

これらを θ の関数と考えて，θ が負の値や直角より大きい値にも定義すること

---

1) ジョゼフ・フーリエ (Jean Baptiste Joseph Fourier, 1768–1830) はフランスの数学者，数理物理学者．

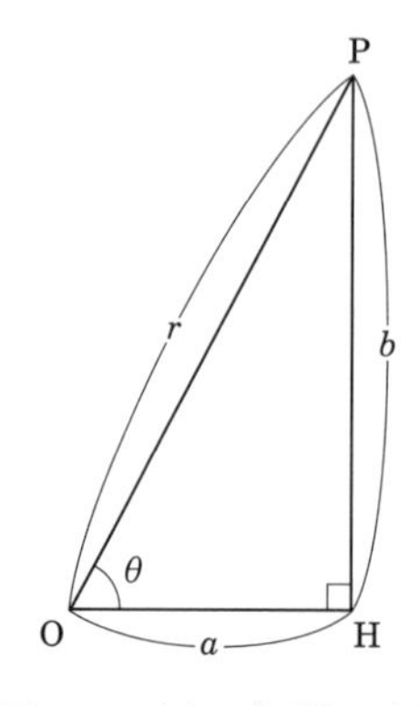

図 **4.1**　直角三角形と三角比

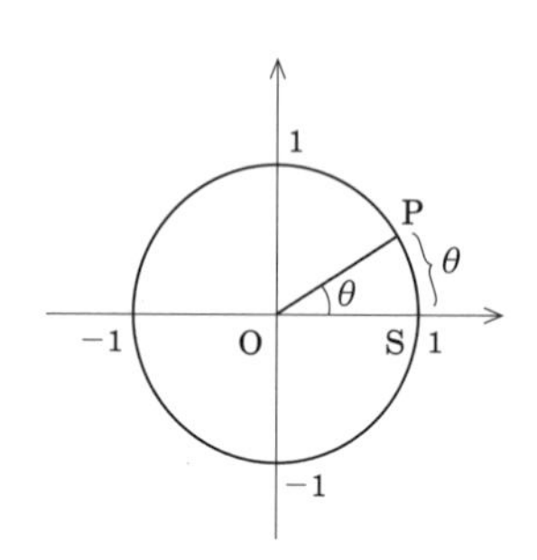

図 **4.2**　弧度法

によって，$(-\infty, \infty)$ における一般角の三角関数を考えよう．そのために，座標平面に原点 O を中心とする半径が 1 の円 C を考え，点 $(1, 0)$ を S とする．S から C 上の点 P までの反時計回りに測った弧の長さ θ を $\angle$SOP とし，時計回りに測った弧の長さが θ であるときは $\angle\mathrm{SOP}= -\theta$ とする角の表し方を採用する．この表し方を**弧度法**という．単位は**ラジアン**と呼ばれるが通常は省略される．円の全円周が 2π であり，そのときの角度は度数法で $360°$ であるから π (ラジアン) $= 180°$ であり

$$1\,(\text{ラジアン}) = \frac{180\,°}{\pi}, \quad 1° = \frac{\pi}{180}(\text{ラジアン})$$

である．例えば

$$\frac{\pi}{2} = 90°, \quad \frac{\pi}{3} = 60°, \quad \frac{\pi}{4} = 45°, \quad \frac{\pi}{6} = 30°$$

などはよく使われる．角の測り方に向きがついていることに注意が必要である．$\angle\mathrm{SOP}= \theta$ であれば $\angle\mathrm{POS}= -\theta$ となる．こうして S を起点として，すべての実数 θ に対して C 上の $\angle\mathrm{SOP}= \theta$ 点となる点 P がただ一つ定まる．この P の x 座標を $\cos\theta$，y 座標を $\sin\theta$ と定義する．さらに $\tan\theta = \dfrac{\sin\theta}{\cos\theta}$ とおく．$\cos\theta$ と $\sin\theta$ は $(-\infty, \infty)$ を定義域とする関数である．関数 $\sin\theta$ を**サイン関数**または**正弦関数**といい，$\cos\theta$ を**コサイン関数**または**余弦関数**という．$\tan\theta$ を**タンジェント関数**または**正接関数**というが，その定義域は $\cos\theta \neq 0$ となる

ところ，すなわち

$$\left\{\theta \in \mathbb{R} \,\middle|\, \theta \neq \pm\frac{\pi}{2} + 2n\pi\,(n = 0,\, \pm 1,\, \pm 2,\, \cdots)\right\}$$

である．このようにして得られた関数を**三角関数**という．

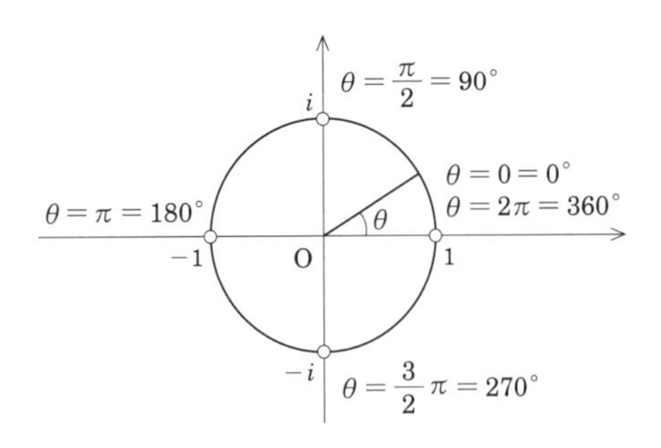

図 **4.3**　弧度法と度数法

4.2　コサイン関数とサイン関数の性質

$(\cos\theta, \sin\theta)$ が半径が 1 の円周上の点の座標であることから

(1)　$\cos^2\theta + \sin^2\theta = 1$

である．ここで，$\cos^2\theta$ と $\sin^2\theta$ は，それぞれ $(\cos\theta)^2$ と $(\sin\theta)^2$ を表す．一般に正の整数 n に対し $(\sin x)^n$, $(\cos x)^n$ をそれぞれ $\sin^n x$, $\cos^n x$ と表す．(1) から

(2)　$-1 \leqq \cos\theta \leqq 1, \quad -1 \leqq \sin\theta \leqq 1$

であって，$\cos\theta$ と $\sin\theta$ の値域はどちらも $[-1, 1]$ である．θ と $\theta + 2\pi$ には C 上の同じ点が対応るので

(3)　$\cos(\theta + 2\pi) = \cos\theta, \quad \sin(\theta + 2\pi) = \sin\theta$

が成り立つ．この性質 (3) をコサイン関数とサイン関数は**周期**が 2π の**周期関数**であるという．また，θ と $-\theta$ は x 軸に関して対称な点が対応して

(4)　$\cos(-\theta) = \cos\theta, \quad \sin(-\theta) = -\sin\theta$

が成り立つ．コサイン関数 $x = \cos\theta$ とサイン関数 $y = \sin\theta$ のグラフは，それぞれ図 4.4 と図 4.5 の曲線になる (次ページ).

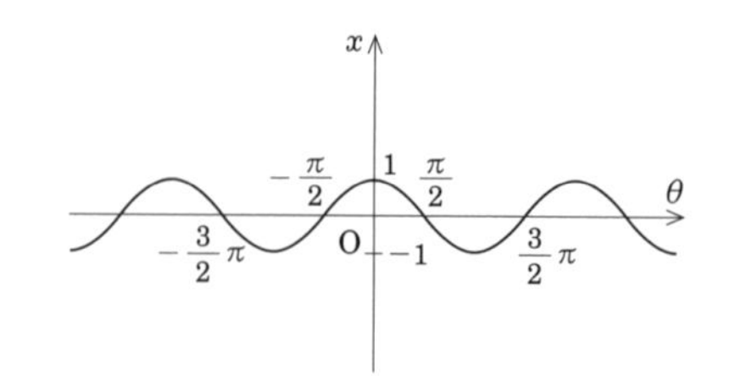

図 **4.4**　$x = \cos\theta$ のグラフ

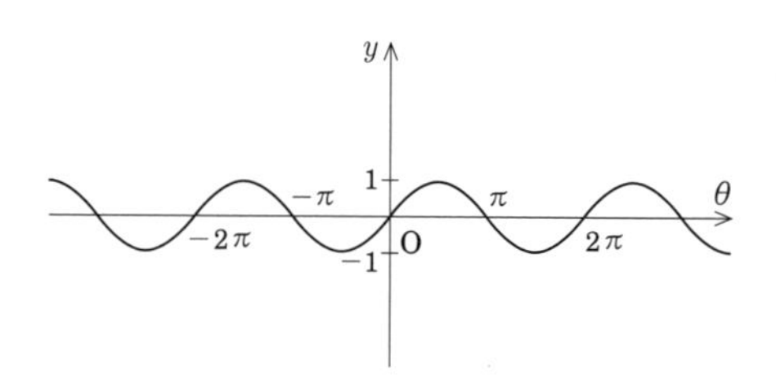

図 **4.5**　$x = \sin\theta$ のグラフ

4.3　複素数

✤ 複素数

三角関数は複素数と深い関係があるので，ここで複素数の説明をする．複素数は 2 次方程式や 3 次方程式のような代数方程式の解法を通して導入されたもので，実数を拡張したものである．$i^2 = -1$ となる実数ではない一つの数 i を考え，実数 x, y を用いて，$x + yi$ という形をしたものを**複素数**という．ここで記号 i は**虚数単位**と呼ばれるもので，$\sqrt{-1}$ と書かれることもある．複素数 $z = x + yi$ に対して x を z の**実部**，y を z の**虚部**という．

二つの複素数 $z_1 = x_1 + y_1 i$, $z_2 = x_2 + y_2 i$ が等しい，すなわち $z_1 = z_2$ とは，$x_1 = x_2$ かつ $y_1 = y_2$ であると定める．複素数の全体からなる集合を $\mathbb{C}$ と表す．実数 x は複素数 $x + 0i$ と同一視される．特に，$0 = 0 + 0i$ である．

✤ 複素数の四則演算

複素数の計算は実数と同じように計算し，i^2 については -1 で置き換えればよい．二つの複素数 $z_1 = x_1 + y_1 i$ と $z_2 = x_2 + y_2 i$ の四則は次のようになる：

(1) $z_1 + z_2 = (x_1 + x_2) + (y_1 + y_2)i$

(2) $z_1 - z_2 = (x_1 - x_2) + (y_1 - y_2)i$

(3) $z_1 z_2 = (x_1 x_2 - y_1 y_2) + (x_1 y_2 + x_2 y_1)i$

(4) $z_2 \neq 0$ のとき，$\dfrac{z_1}{z_2} = \dfrac{x_1 x_2 + y_1 y_2}{x_2^2 + y_2^2} + \dfrac{-x_1 y_2 + x_2 y_1}{x_2^2 + y_2^2} i$

すると複素数における演算は実数の演算 §2.2 の (1)～(9) と同じ性質を持つことが分かる．

(4) において，$z_2 \neq 0$ は $x_2 \neq 0$ または $y_2 \neq 0$ と同値であるから，$x_2^2 + y_2^2 \neq 0$ であることを注意する．

例えば，

$$(2 - 3i) + (3 + i) = 5 - 2i$$

$$(2 - 3i)(3 + i) = 6 + 3 - 9i + 2i = 9 - 7i$$

となる．

✤ 複素数平面

直線に原点と単位点をとり，実数を直線上の点に対応させたものが (実) 数直線であった．これに対して直交座標系のある座標平面において，複素数 $z = x + yi$ に対して座標平面上の点 (x, y) を対応させ，平面全体が複素数の全体である考えたものを**複素数平面**あるいは**ガウス平面**という[2]．複素数平面はその一部として x 軸である実数直線を含み，実数の拡張となっている．複素数平面というときは複素数と対応する平面上の点を同一視する．例えば点 0 と

---

[2] ドイツの数学者カール・フリードリヒ・ガウス (Carl Friedrich Gauss, 1777–1855) によって導入されたためガウス平面と呼ばれるが，今ではガウス以前にノルウェーの数学者カスパール・ウェッセル (Caspar Wessel, 1745–1816) やスイスの数学者ジャン・ロベール・アルガン (Jean Robert Argand, 1768–1822) が複素数の平面表示を行っていたことが分かっている．

いえば数 0 に対応する原点のことであり，複素数 $2+3i$ は複素数平面上の点 $(2, 3)$ のことである．なお，複素数 $x+yi$ を $x+iy$ とも書き表す．x 軸を**実軸**，y 軸を**虚軸**という．

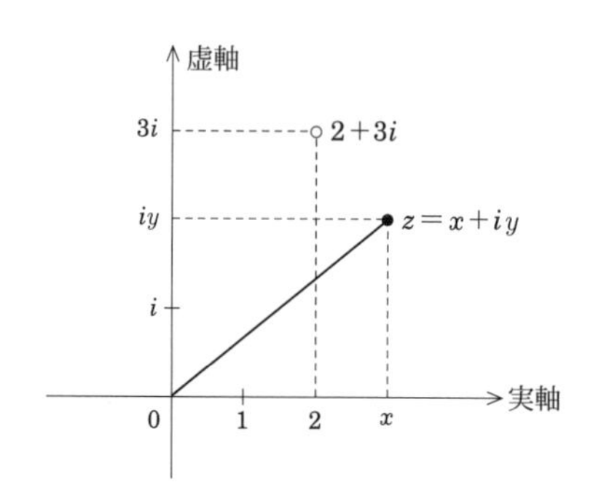

図 **4.6**　複素数平面

✤ 共役複素数と絶対値

複素数 $z=x+yi$ に対して複素数 $x-yi$ を z の**共役複素数**といい記号 $\overline{z}$ で表す．複素数 z とその共役複素数 $\overline{z}$ は複素数平面の上では，互いに実軸に関して対称になっている．

共役複素数について，

(1)　$\overline{\overline{z}}=z$

(2)　$\overline{z_1+z_2}=\overline{z_1}+\overline{z_2}$

(3)　$\overline{z_1 z_2}=\overline{z_1}\,\overline{z_2}$

が成り立つ．

複素数 $z=x+yi$ とその共役複素数 $\overline{z}$ の積は

$$z\overline{z}=(x+yi)(x-yi)=x^2+y^2 \geqq 0$$

となる．この平方根を複素数 z の**絶対値**といい，記号 $|z|$ によって表す．すなわち，

$$|z|=\sqrt{z\overline{z}}=\sqrt{x^2+y^2}$$

であり，実数についての絶対値記号の自然な拡張であるす．例えば，$|3-4i| = \sqrt{3^2+(-4)^2} = 5$ となる．ピタゴラスの定理によって絶対値 $|z|$ は z に対応する複素数平面上の点と原点との距離である．

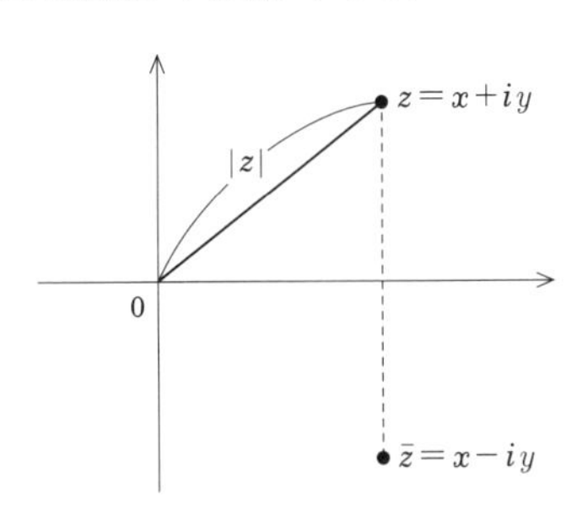

図 4.7　共役複素数と絶対値

複素数の絶対値について

(1)　$|z| \geqq 0$，$|z| = 0$ となるのは $z = 0$ のときのみ

(2)　$|z_1 z_2| = |z_1||z_2|$

(3)　$|z_1 + z_2| \leqq |z_1| + |z_2|$

が成り立つ．なぜならば，例えば (2) については，

$$z_1 z_2 = (x_1 + y_1 i)(x_2 + y_2 i) = (x_1 x_2 - y_1 y_2) + (x_1 y_2 + x_2 y_1)i$$

であるから，

$$\begin{aligned}
|z_1 z_2|^2 &= (x_1 x_2 - y_1 y_2)^2 + (x_1 y_2 + x_2 y_1)^2 \\
&= x_1^2 x_2^2 + y_1^2 y_2^2 + x_1^2 y_2^2 + x_2 y_1^2 \\
&= (x_1^2 + y_2^2)(x_2^2 + y_2^2) = |z_1|^2 |z_2|^2
\end{aligned}$$

となることより導かれる．

4.4　複素数 $e(\theta)$，三角関数の加法公式，倍角公式

三角関数の導入に当たって原点を中心，半径を 1 とする単位円 C を考えた．この円 C は複素数平面上では

$$C = \{z \mid |z| = 1\}$$

と表すことができる．$\theta \in \mathbb{R}$ に対応する C 上の点 $\mathrm{P} = (\cos\theta, \sin\theta)$ を表す複素数を $e(\theta)$ と表すことにしよう．

注意 4.1　実は $e(\theta)$ は自然対数の底 e によって $e^{i\theta}$ と書かれるものであるが，まだ実数の複素数乗が定義されていない．現在のところでは，この記法を避けているが，章末の課外授業 4.1 において，この記法が自然であることを示す極限値の計算をする．後にテイラー級数を学べばさらに納得できるに違いない．

$$e(\theta) = \cos\theta + i\sin\theta$$

であり $|e(\theta)| = 1$ である．二つの実数 θ_1 と θ_2 に対して

$$e(\theta_1 + \theta_2) = e(\theta_1)e(\theta_2) \tag{4.1}$$

が成り立つことを以下で示す．(4.1) を書き直してみれば

$$\cos(\theta_1 + \theta_2) + i\sin(\theta_1 + \theta_2) = (\cos\theta_1 + i\sin\theta_1)(\cos\theta_2 + i\sin\theta_2)$$

であるが，右辺は

$$\cos\theta_1\cos\theta_2 - \sin\theta_1\sin\theta_2 + i(\sin\theta_1\cos\theta_2 + \cos\theta_1\sin\theta_2)$$

に等しく，したがって，

$$\cos(\theta_1 + \theta_2) = \cos\theta_1\cos\theta_2 - \sin\theta_1\sin\theta_2 \tag{4.2}$$

$$\sin(\theta_1 + \theta_2) = \sin\theta_1\cos\theta_2 + \cos\theta_1\sin\theta_2 \tag{4.3}$$

が得られる．この等式はそれぞれコサイン関数とサイン関数の**加法公式**と呼ばれる．

$0 < \theta_1 < \theta_2 < \dfrac{\pi}{2}$ のときに限って上の公式を証明してみよう．図 4.8 のように三つの複素数 $e(\theta_1)$, $e(\theta_2)$, $e(\theta_1)e(\theta_2)$ が複素数平面で表す点をそれぞれ P_1, P_2, P とすると

$$|e(\theta_1)e(\theta_2)| = |e(\theta_1)|\,|e(\theta_2)| = 1 \times 1 = 1$$

であるから，点 P は原点を中心にした半径 1 の円周上にある．

$$e(\theta_1) = x_1 + iy_1, \quad e(\theta_2) = x_2 + iy_2$$

とすれば

$$e(\theta_1)e(\theta_2) = x_1x_2 - y_1y_2 + i(x_1y_2 + x_2y_1)$$

である．

$$\begin{aligned}\overline{\mathrm{P_1P}}^2 &= (x_1x_2 - y_1y_2 - x_1)^2 + (x_1y_2 + x_2y_1 - y_1)^2 \\ &= (x_1x_2 - y_1y_2)^2 + (x_1y_2 + x_2y_1)^2 - 2x_1(x_1x_2 - y_1y_2) \\ &\quad - 2y_1(x_1y_2 + x_2y_1) + x_1^2 + y_1^2 \\ &= (x_1^2 + y_1^2)(x_2^2 + y_2^2) - 2x_2(x_1^2 + y_1^2) + (x_1^2 + y_1^2) \\ &= 2 - 2x_2\end{aligned}$$

である．一方では，

$$\overline{\mathrm{SP_2}}^2 = (x_2 - 1)^2 + y_2^2 = x_2^2 + y_2^2 - 2x_2 + 1 = 2 - 2x_2$$

となり，$\overline{\mathrm{P_1P}} = \overline{\mathrm{SP_2}}$ が成り立つ．$\overline{\mathrm{P_1P}} = \overline{\mathrm{SP_2}}$ となる点 P は単位円周上に二つあるが，仮定より x_1, y_1, x_2, y_2 はすべて正で，点 P が表す複素数の虚部 $x_1y_2 + x_2y_1$ は正であるから，点 P は実軸より上にあることになり，図 4.8 のように P に対応する角は $\theta_1 + \theta_2$ でなければならない．したがって指数公式

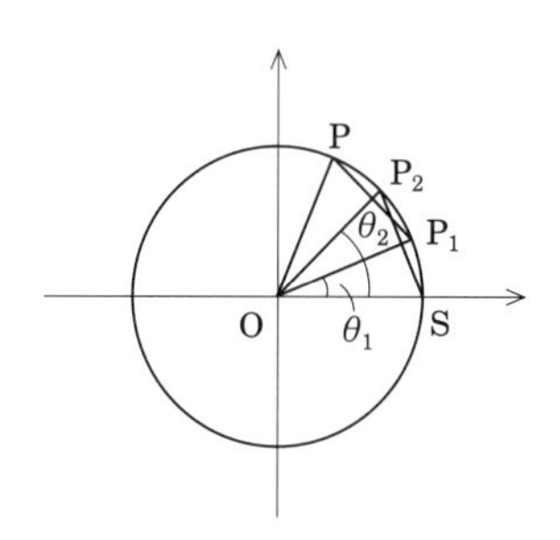

図 4.8　$e(\theta_1 + \theta_2) = e(\theta_1)e(\theta_2)$

が成り立つことが分かる.

(4.2), (4.3) において，$\theta_1 = \theta_2 = \theta$ とおくと，**倍角公式**と呼ばれる

$$\cos 2\theta = \cos^2\theta - \sin^2\theta = 2\cos^2\theta - 1 = 1 - 2\sin^2\theta \tag{4.4}$$

$$\sin 2\theta = 2\sin\theta\cos\theta \tag{4.5}$$

が得られる.

(4.2), (4.3) において，θ_2 を $-\theta_2$ にすれば

$$\cos(\theta_1 - \theta_2) = \cos\theta_1\cos\theta_2 + \sin\theta_1\sin\theta_2 \tag{4.6}$$

$$\sin(\theta_1 - \theta_2) = \sin\theta_1\cos\theta_2 - \cos\theta_1\sin\theta_2 \tag{4.7}$$

が得られる．$\alpha = \theta_1 + \theta_2$，$\beta = \theta_1 - \theta_2$ とおいて (4.2) − (4.6) と (4.3) − (4.7) を計算すれば，差を積に直す公式

$$\cos\alpha - \cos\beta = -2\sin\frac{\alpha+\beta}{2}\sin\frac{\alpha-\beta}{2} \tag{4.8}$$

$$\sin\alpha - \sin\beta = 2\cos\frac{\alpha+\beta}{2}\sin\frac{\alpha-\beta}{2} \tag{4.9}$$

が成り立つことが分かる.

単位円において円周上の点 $\mathrm{S} = (1, 0)$ から $\mathrm{P} = (x, y)$ までの弧の長さ $|\theta|$ と $|y|$ の間には $|y| \leqq |\theta|$ という関係があるから

$$|\sin\theta| \leqq |\theta| \tag{4.10}$$

という不等式が成り立つ．したがって (4.8), (4.9), (4.10) より

$$|\cos x - \cos a| \leqq |x - a| \tag{4.11}$$

$$|\sin x - \sin a| \leqq |x - a| \tag{4.12}$$

が成り立つ．これより，$x \to a$ のとき $\cos x \to \cos a$，$\sin x \to \sin a$ となるので $y = \cos x$，$y = \sin x$ は $(-\infty, \infty)$ において連続である.

4.5 偏角と回転

複素数平面上で $z = x + iy$ と原点 0 を結ぶ線分が，実軸の正方向とのなす(向きのついた) 角を α とし，$|z| = r$ とする．α を z の**偏角**と呼ぶ．z の偏角を $\arg z$ と表す．すると $x = r\cos\alpha, y = r\sin\alpha$ であるから，

$$z = r\cos\alpha + ir\sin\alpha = r(\cos\alpha + i\sin\alpha) = re(\alpha)$$

となる．z を r と α で表すこの表示を，z の**極表示**という．

$z = re(\alpha)$ であるとき，これに $e(\theta)$ を掛ければ，

$$ze(\theta) = re(\alpha)e(\theta) = re(\alpha + \theta)$$

となり，絶対値が r，偏角が $\alpha + \theta$ の複素数になる．したがって，z に $e(\theta)$ を掛けるということは，複素数平面上では，z を原点を中心に θ だけ回転することを表す．$z_1 = r_1e(\theta_1)$，$z_2 = r_2e(\theta_2)$ であれば

$$z_1z_2 = r_1r_2e(\theta_1)e(\theta_2) = r_1r_2e(\theta_1 + \theta_2)$$

であるから

$$\arg(z_1z_2) = \arg z_1 \arg z_2$$

が成り立つ．

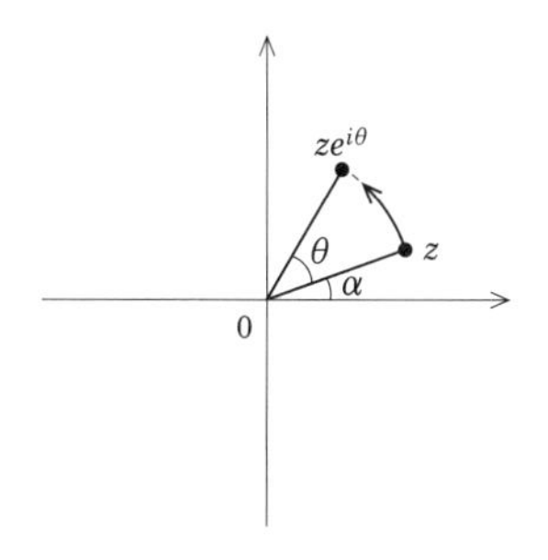

図 **4.9**　回転

課外授業 4.1 に説明するように $e(\theta) = e^{i\theta}$ と考えてもよい．以降では $e(\theta)$ を $e^{i\theta}$ と書くことにする．

4.6　タンジェント関数

タンジェント関数 (正接関数)

$$\tan\theta = \frac{\sin\theta}{\cos\theta}$$

は周期が π の周期関数であり，値は $(-\pi/2, \pi/2)$ における値で決まる．$\theta \to -\pi/2+0$ のとき $\cos\theta \to +0$, $\sin\theta \to -1$ であるから $\tan\theta \to -\infty$ であり，$\theta \to \pi/2-0$ のとき $\cos\theta \to +0$, $\sin\theta \to 1$ 数であるから $\tan\theta \to \infty$ をである．$(-\pi/2+n\pi, \pi/2+n\pi)$ $(n \in \mathbb{Z})$ において連続な狭義単調増加である．$y = \tan\theta$ のグラフは図 4.10 の曲線である．

$\cos\theta$ と $\sin\theta$ を定めた複素数平面において，直線 OP の延長と点 S から実軸に垂直に立てた直線との交点を T とするとき，$\tan\theta$ は OT の傾きであるから，T に対応する複素数は $1 + i\tan\theta$ となる．

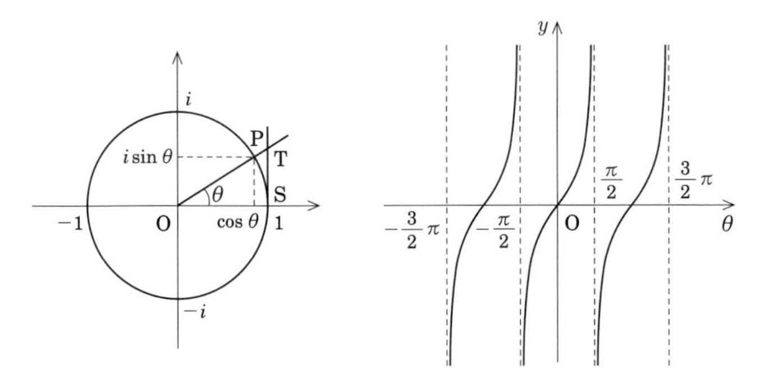

図 4.10　$y = \tan\theta$ のグラフ

4.7　逆三角関数

✤ アークサイン関数

サイン関数 $y = \sin x$ は 1 対 1 関数ではない．ところが定義域を制限した関数 $y = \sin x$ $\left(-\frac{\pi}{2} \leqq x \leqq \frac{\pi}{2}\right)$ は連続な狭義単調増加関数であるので，1 対 1 となる．この定義域を制限した関数の逆関数を $x = \sin^{-1} y$ で表し，**アーク**

サイン関数 (逆正弦関数) と呼ぶ．アークサイン関数 $y = \sin^{-1} x$ のグラフは図 4.11 の曲線となり，連続な狭義単調増加関数である．

✤ アークコサイン関数

コサイン関数 $y = \cos x$ も 1 対 1 関数ではないが，定義域を制限した関数 $y = \cos x \ (0 \leqq x \leqq \pi)$ は連続な狭義単調減少関数であるので 1 対 1 となる．この定義域を制限した関数の逆関数を $x = \cos^{-1} y$ で表し，**アークコサイン関数 (逆余弦関数)** という．アークコサイン関数 $y = \cos^{-1} x$ のグラフは図 4.12 の曲線となり，連続な狭義単調減少関数である．

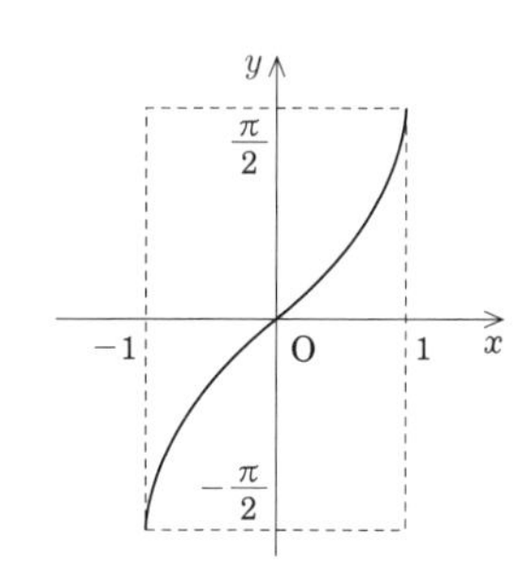

図 **4.11**　$y = \sin^{-1} x$ のグラフ

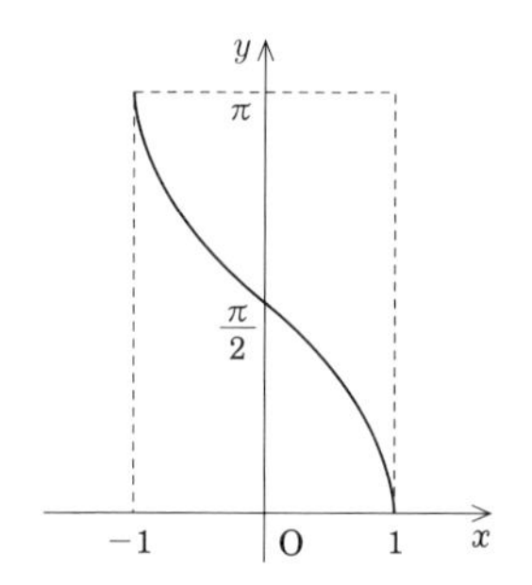

図 **4.12**　$y = \cos^{-1} x$ のグラフ

✤ アークタンジェント関数

タンジェント関数 $y = \tan x$ もまた 1 対 1 関数ではない．その定義域を制限した関数 $y = \tan x \left(-\dfrac{\pi}{2} < x < \dfrac{\pi}{2}\right)$ は連続な狭義単調増加関数であるので 1 対 1 である．この定義域を制限した関数の逆関数を $x = \tan^{-1} y$ で表し，**アークタンジェント関数 (逆正接関数)** という．アークタンジェント関数 $y = \tan^{-1} x$ のグラフは図 4.13 (次ページ) の曲線となり，連続な狭義単調増加関数である．

注意 4.2：逆三角関数のべき乗　三角関数の逆数も三角関数の仲間として扱われるが，$\sin^{-1} x$ と $\dfrac{1}{\sin x}$ とは違うものである．逆三角関数のべき乗について，例えば $(\sin^{-1} x)^2$ を $\sin^{-2} x$ とは表すことはない．

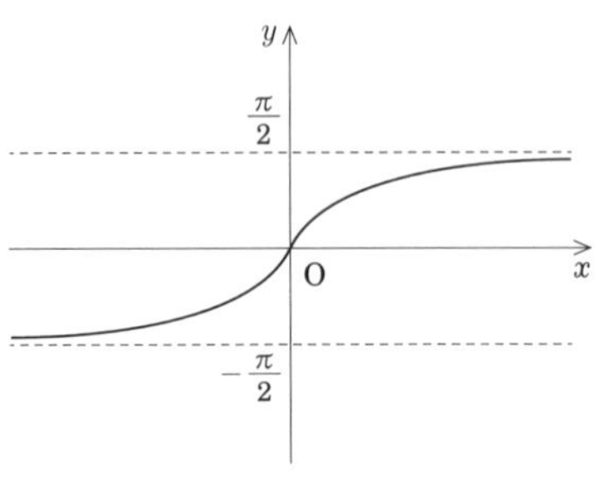

図 **4.13**　$y = \tan^{-1} x$

4.8　三角関数の特殊値

三角関数の値は，関数電卓を用いると容易に求めることができるが，特に $\frac{\pi}{4}, \frac{\pi}{3}, \frac{\pi}{6}$ のときの三角関数の値は，対応する直角三角形の性質から求めることができる．

直角三角形の中に二つの特別な形をしたものがある．一つは，直角以外の二つの角がともに $45^\circ = \frac{\pi}{4}$ になる直角 2 等辺三角形である．図 4.14 において，$\overline{\mathrm{AB}} = \overline{\mathrm{BC}} = 1$ とすれば，ピタゴラスの定理より，$\overline{\mathrm{AC}} = \sqrt{2}$ となる．

もう一つは，直角以外の角が $30^\circ = \frac{\pi}{6}$ と $60^\circ = \frac{\pi}{3}$ になるもので，図 4.15 のように正三角形 ABC' を半分にしたものである．$\overline{\mathrm{AB}} = 2$ とすれば $\overline{\mathrm{BC}} = 1$ となり，ピタゴラスの定理より，$\overline{\mathrm{AC}} = \sqrt{3}$ となる．

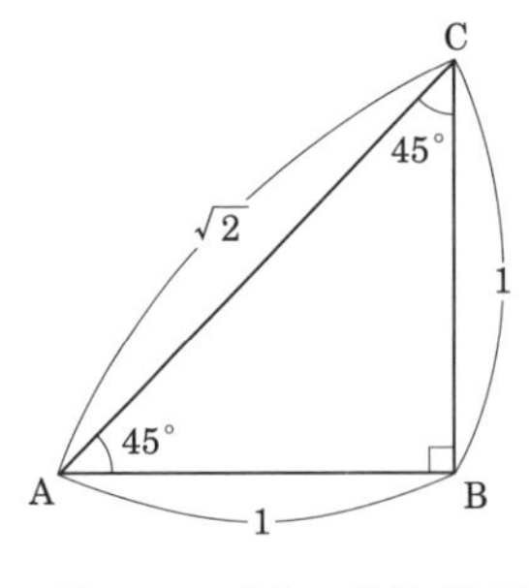

図 **4.14**　直角 2 等辺三角形

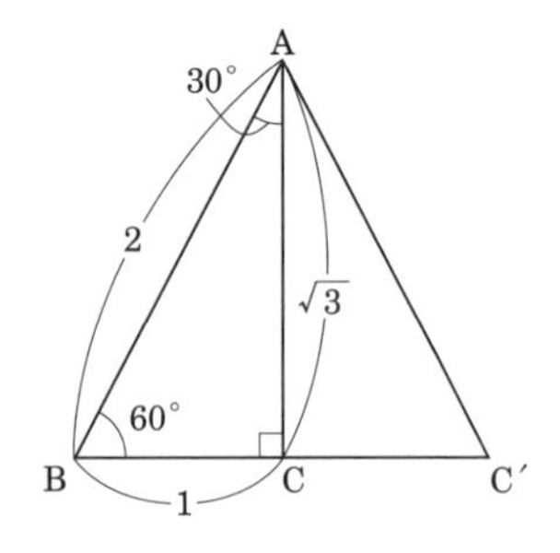

図 **4.15**　30° と 60° の直角三角形

$\theta = \dfrac{\pi}{4}$ のとき，図 4.16 のように $\angle\mathrm{POS} = 45^\circ$ となり，直角 2 等辺 3 角形ができる．$\overline{\mathrm{OP}} = 1$ であるから

$$e^{\frac{\pi}{4}i} = \frac{1}{\sqrt{2}} + \frac{1}{\sqrt{2}}i = \cos\frac{\pi}{4} + i\sin\frac{\pi}{4}$$

となり，

$$\cos\frac{\pi}{4} = \frac{1}{\sqrt{2}}, \quad \sin\frac{\pi}{4} = \frac{1}{\sqrt{2}}$$

が得られる．

$\theta = \dfrac{\pi}{3}$ のとき，図 4.17 のように正三角形を半分に切った直角三角形ができる．$\overline{\mathrm{OP}} = 1$ であるから

$$e^{\frac{\pi}{3}i} = \frac{1}{2} + \frac{\sqrt{3}}{2}i = \cos\frac{\pi}{3} + i\sin\frac{\pi}{3}$$

となり，

$$\cos\frac{\pi}{3} = \frac{1}{2}, \quad \sin\frac{\pi}{3} = \frac{\sqrt{3}}{2}$$

が得られる．

$\theta = \dfrac{\pi}{6}$ のときも同様に考えれば，

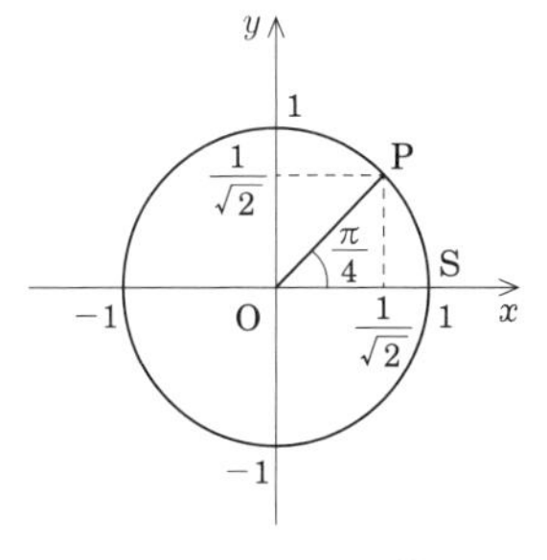

図 4.16　$\theta = \dfrac{\pi}{4}$

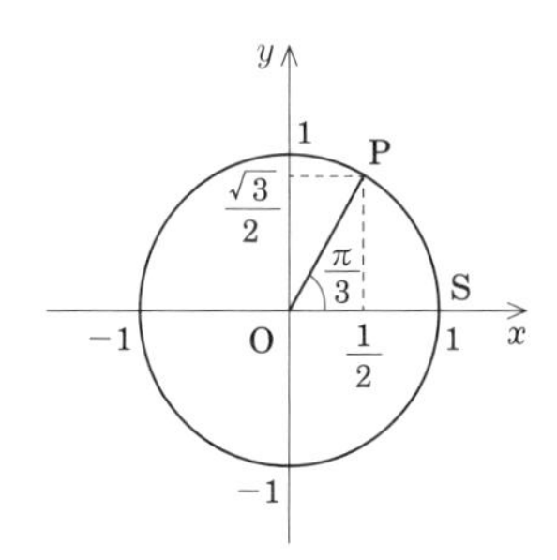

図 4.17　$\theta = \dfrac{\pi}{3}$

$$\cos\frac{\pi}{6} = \frac{\sqrt{3}}{2}, \quad \sin\frac{\pi}{6} = \frac{1}{2}$$

となる.

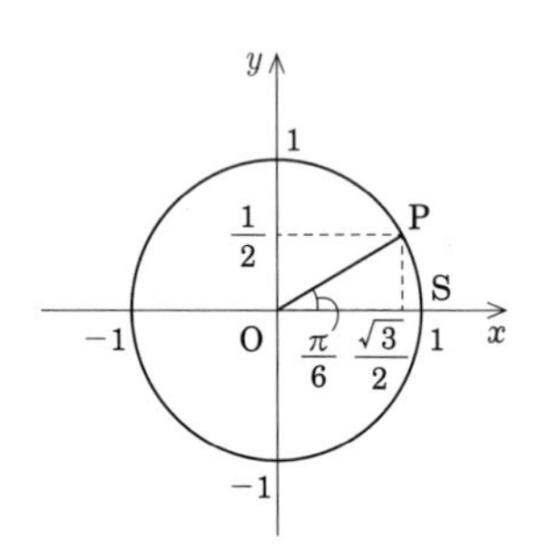

図 **4.18**　$\theta = \frac{\pi}{6}$

その他の値については，加法定理や倍角の公式から得られる**半角の公式**

$$\cos^2\frac{\theta}{2} = \frac{1+\cos\theta}{2}, \quad \sin^2\frac{\theta}{2} = \frac{1-\cos\theta}{2} \tag{4.13}$$

を使えば，以上の値を用いて $\frac{\pi}{12}, \frac{\pi}{8}$ などをはじめ多くの θ での値を求めることができる.

❖ 課外授業 4.1　オイラーの公式

注意 4.1 において $e(\theta) = e^{i\theta}$ であると述べた. (3.5) で見たように, 実数 x に対して

$$\lim_{n\to\infty}\left(1+\frac{x}{n}\right)^n = e^x$$

が成立する. x を虚数 $i\theta$ に変えると**オイラーの公式**[3)]

$$\lim_{n\to\infty}\left(1+\frac{i\theta}{n}\right)^n = e(\theta) = \cos\theta + i\sin\theta \tag{4.14}$$

が得られることを示そう. 複素数列 $z_n = x_n + iy_n (n = 1, 2, \cdots)$ が $z = x + iy$ に収束することは x_n が x に, y_n が y に収束することであるが, $|z_n| = r_n$, $\arg z_n = \alpha_n$, $|z| = r$, $\arg z = \alpha$ とするとき, $r_n \to r$ かつ $\alpha_n \to \alpha$ であることと同じである.

絶対値については

$$\left|\left(1+\frac{i\theta}{n}\right)^n\right| = \left|1+\frac{i\theta}{n}\right|^n = \left(1+\frac{\theta^2}{n^2}\right)^{n/2} = \left\{\left(1+\frac{\theta^2}{n^2}\right)^{n^2}\right\}^{1/(2n)}$$
$$\to (e^{\theta^2})^0 = 1 \quad (n\to\infty)$$

となる. 次に偏角についてみる. $0 < \alpha < \dfrac{\pi}{2}$ とする. 0 を中心とする単位円を描き, 0 を O, 1 を S, $1+\alpha i$ を A, 直線 OA と単位円との交点を B として, OA 上の点 C は OA と SC が直交している点とする. さらに, $\arg(1+\alpha i) = \angle\mathrm{SOA} = \beta$ とする. そのとき, $\overline{\mathrm{SA}} = \alpha = \tan\beta$ である. 三角形 SOA の面積 $= \dfrac{1}{2}\tan\beta$, 扇形 SOB の面

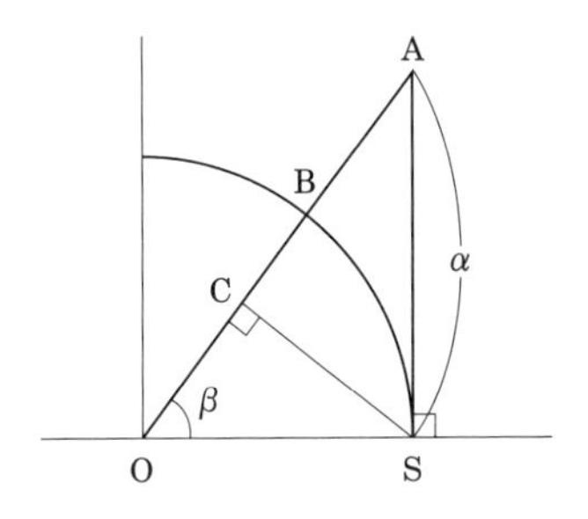

図 4.19　$\overline{\mathrm{SC}}$ < 弧 SB の長さ

[3)] レオンハルト・オイラー (Leonhart Euler, 1707–1783) はスイス生まれでスイス, ロシア, ドイツで活躍した数学者.

積 $= \dfrac{\beta}{2}$ であるから

$$\beta < \tan\beta$$

が成り立つ．したがって

$$\arg(1+\alpha i) < \alpha$$

である．$\triangle$OSC と $\triangle$OAS は相似であるから

$$\frac{\overline{\mathrm{SC}}}{\overline{\mathrm{OS}}} = \frac{\overline{\mathrm{AS}}}{\overline{\mathrm{OA}}}$$

であり

$$\overline{\mathrm{SC}} = \frac{\alpha}{\sqrt{1+\alpha^2}}$$

が得られる．また，

$$\overline{\mathrm{SC}} < \text{弧 SB の長さ} = \beta = \arg(1+\alpha i)$$

であるから，不等式

$$\frac{\alpha}{\sqrt{1+\alpha^2}} < \arg(1+\alpha i) < \alpha$$

が成り立つ．そこで $\theta > 0$ のとき，十分大きな n に対して $0 < \dfrac{\theta}{n} < \dfrac{\pi}{2}$ であるから，$\alpha = \dfrac{\theta}{n}$ を代入して各辺を n 倍して $\arg z^n = n\arg z$ であることを使えば

$$\frac{\theta}{\sqrt{1+\left(\dfrac{\theta}{n}\right)^2}} < \arg\left(1+\frac{i\theta}{n}\right)^n < \theta$$

となる．ゆえに

$$\lim_{n\to\infty}\arg\left(1+\frac{i\theta}{n}\right)^n = \theta$$

となる．$\theta < 0$ のときは

$$\left(1+\frac{i\theta}{n}\right)^n = \overline{\left(1+\frac{i(-\theta)}{n}\right)^n} \to \overline{e(-\theta)} = e(\theta) \quad (n\to\infty)$$

となる．以上により (4.14) が示された．

演習問題 4

A. 確認問題

次のそれぞれの記述の正誤を判定せよ.

1. $\sin^2 x + \cos^2 x = 1$

2. $\sin x + \sin(-x) = 0$

3. $\sin \dfrac{\pi}{2} = 0$

4. $\cos \pi = -1$

5. $\sin \dfrac{\pi}{6} = \dfrac{\sqrt{3}}{2}$

6. 関数 $y = \sin^{-1} x$ は関数 $y = \sin x$ $\left(x \in \left[-\dfrac{\pi}{2}, \dfrac{\pi}{2}\right]\right)$ の逆関数である.

7. 関数 $y = \cos^{-1} x$ は狭義単調減少関数で，値域は $[0, \pi]$ である.

8. $\sin \dfrac{\pi}{4} = \dfrac{1}{\sqrt{2}}$ だから，$\sin^{-1} \dfrac{1}{\sqrt{2}} = \dfrac{\pi}{4}$ である.

9. $\sin^{-1}(\sin x) = x$

10. $\sin(\sin^{-1} x) = x$

B. 演習問題

1. $\sqrt{3}\sin x + \cos x = A\sin(x + \phi)$ であるとき，A と ϕ を求めよ.

2. 3 倍角の公式

$$\cos 3x = 4\cos^3 x - 3\cos x, \quad \sin 3x = -4\sin^3 x + 3\sin x$$

が成り立つことを示せ.

第5章 導関数

関数の微分係数を瞬間変化率として定義する．微分係数を値とする関数である導関数を求めることを関数を微分するという．導関数の性質と基本的な関数の微分の仕方を説明する．

本章のキーワード

微分係数，微分可能，変化率，導関数，逆関数の導関数，
指数関数の導関数，逆三角関数の導関数

5.1 導関数の記法

後で関数の**導関数**を定義するが，関数 $f(x) = x^2$ の導関数は $f'(x) = 2x$ である．このように関数 f の右上にダッシュ (あるいはプライム) $'$ をつけて f' で表す．また関数を従属変数を用いて，$y = x^2$ で表すときは，導関数は $\dfrac{dy}{dx} = 2x$ のように記号 $\dfrac{dy}{dx}$ を用いて表す．さらに，$\dfrac{df}{dx}(x) = 2x$ あるいは $y' = 2x$ や $(x^2)' = 2x$ という形で表すこともある．(☞ p.95「ことばとイメージ (6)」を参照.)

5.2 微分係数

✤ 微分係数

関数 $f(x)$ の導関数 $f'(x)$ の $x=a$ における値 $f'(a)=\dfrac{df}{dx}(a)$ は

$$f'(a)=\lim_{x\to a}\frac{f(x)-f(a)}{x-a}$$

によって定義される．この値 $f'(a)$ は $f(x)$ の $x=a$ における**微分係数**と呼ばれる．

例えば，$f(x)=x^2$ に対しては

$$\frac{f(x)-f(a)}{x-a}=\frac{x^2-a^2}{x-a}=\frac{(x+a)(x-a)}{x-a}=x+a\to 2a \quad (x\to a)$$

となって，$x=a$ における微分係数は $f'(a)=2a$ であることが分かる．したがって，a は任意であるから，a を x と書き換えることによって，導関数は $f'(x)=2x$ である．

✤ $(x^n)'$

$x^3-a^3=(x-a)(x^2+ax+a^2)$ より

$$\frac{x^3-a^3}{x-a}=x^2+ax+a^2\to 3a^2 \quad (x\to a)$$

が成り立ち

$$(x^3)'=3x^2$$

となる．一般の自然数 n についても

$$(x-a)(x^{n-1}+ax^{n-2}+a^2x^{n-3}+\cdots+a^{n-2}x+a^{n-1})=x^n-a^n$$

であるから

$$\frac{x^n - a^n}{x - a} = x^{n-1} + ax^{n-2} + a^2x^{n-3} + cdots + a^{n-2}x + a^{n-1}$$
$$\to na^{n-1} \quad (x \to a)$$

となり

$$(x^n)' = nx^{n-1}$$

であることが分かる.

✤ $(x^{-n})'$

n が自然数のとき, $\dfrac{1}{x^n} = x^{-n}$ であるが, $f(x) = x^{-n}$ の定義域は $(-\infty, 0) \cup (0, \infty)$ である. $a \neq 0$ のとき, 前小節 x^n で示したことにより, $x \to a$ のとき

$$\frac{\dfrac{1}{x^n} - \dfrac{1}{a^n}}{x - a} = -\frac{1}{x^n a^n} \frac{x^n - a^n}{x - a} \to -\frac{1}{a^{2n}} \cdot na^{n-1} = -na^{-n-1}$$

となり

$$(x^{-n})' = -nx^{-n-1}$$

であることが分かる.

✤ $(\sqrt{x})'$

次に関数 $f(x) = \sqrt{x}$ を考える.

$$\frac{f(x) - f(a)}{x - a} = \frac{\sqrt{x} - \sqrt{a}}{x - a} = \frac{\sqrt{x} - \sqrt{a}}{(\sqrt{x} - \sqrt{a})(\sqrt{x} + \sqrt{a})}$$
$$= \frac{1}{\sqrt{x} + \sqrt{a}} \to \frac{1}{2\sqrt{a}} \quad (x \to a)$$

であるから

$$f'(a) = \frac{1}{2\sqrt{a}}$$

となる．したがって

$$(\sqrt{x})' = \frac{1}{2\sqrt{x}}$$

である．

✤ $(\log x)'$

$$\lim_{h\to 0}(1+h)^{\frac{1}{h}} = e$$

であった (§3.6)．関数 $\log x$ は $x = e$ で連続であるから

$$\lim_{h\to 0}\log(1+h)^{\frac{1}{h}} = \log e = 1$$

となり

$$\lim_{h\to 0}\frac{\log(1+h)}{h} = 1 \tag{5.1}$$

が得られる．関数 $f(x) = \log x$ に対して $h = x - a$ とおき，(5.1) を用いると

$$\begin{aligned}\frac{f(x)-f(a)}{x-a} &= \frac{f(a+h)-f(a)}{h} = \frac{\log(a+h)-\log a}{h} = \frac{1}{h}\log\frac{a+h}{a} \\ &= \frac{1}{a}\cdot\frac{\log\left(1+\dfrac{h}{a}\right)}{\dfrac{h}{a}} \to \frac{1}{a} \quad (h\to 0).\end{aligned}$$

ゆえに $f'(a) = \dfrac{1}{a}$，すなわち

$$(\log x)' = \frac{1}{x} \tag{5.2}$$

となる．

✤ $(e^x)'$

$\log(1+h) = k$ とおくと，$e^k = 1 + h$ であるから，(5.1) によって

$$\lim_{k\to 0}\frac{k}{e^k-1}=\lim_{h\to 0}\frac{\log(1+h)}{h}=1.$$

したがって，

$$\lim_{k\to 0}\frac{e^k-1}{k}=1$$

が成り立つ．これを用いると，

$$\lim_{x\to a}\frac{e^x-e^a}{x-a}=\lim_{x-a\to 0}e^a\times\frac{e^{x-a}-1}{x-a}=e^a$$

が得られる．したがって

$$(e^x)'=e^x$$

となる．

✤ $(\sin x)'$，$(\cos x)'$

図 5.1 より，$0<\theta<\dfrac{\pi}{2}$ のとき，

$$\sin\theta<\theta<\tan\theta=\frac{\sin\theta}{\cos\theta}$$

が成り立つ．これより

$$\cos\theta<\frac{\sin\theta}{\theta}<1$$

が得られる．また $0>\theta>-\dfrac{\pi}{2}$ のときも，$0<-\theta<\dfrac{\pi}{2}$ であるから

$$\cos(-\theta)<\frac{\sin(-\theta)}{-\theta}<1$$

となる．ゆえにこの場合も不等式

$$\cos\theta<\frac{\sin\theta}{\theta}<1$$

が成り立つことが分かる．これと $\cos\theta$ の連続性より

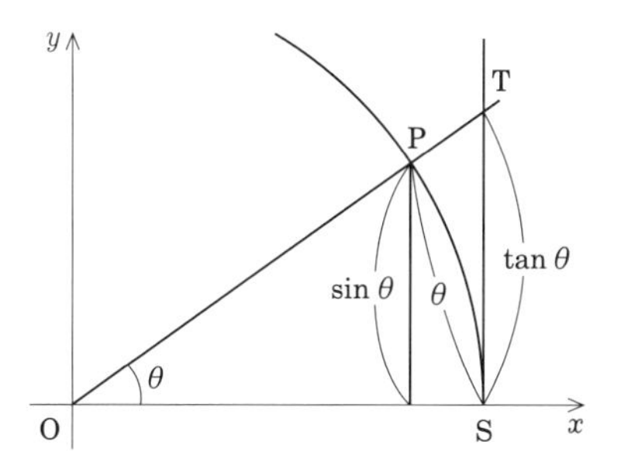

図 **5.1**　$\cos\theta < \dfrac{\sin\theta}{\theta} < 1$

$$\lim_{\theta\to 0}\cos\theta = \cos 0 = 1 \tag{5.3}$$

であるから

$$\lim_{\theta\to 0}\frac{\sin\theta}{\theta} = 1 \tag{5.4}$$

が導かれる．

サイン関数の差を積に直す公式 (§4.4 の (4.9)) より

$$\sin x - \sin a = 2\cos\frac{x+a}{2}\sin\frac{x-a}{2}$$

であるから，$f(x) = \sin x$ とし，上の等式および (3) と (4) を用いれば

$$\begin{aligned}\frac{f(x)-f(a)}{x-a} &= \frac{\sin x - \sin a}{x-a} = \frac{2}{x-a}\cos\frac{x+a}{2}\sin\frac{x-a}{2}\\ &= \cos\frac{x+a}{2}\times\frac{\sin\dfrac{x-a}{2}}{\dfrac{x-a}{2}} \to \cos a\times 1 \quad (x\to a)\end{aligned}$$

となり，

$$\frac{f(x)-f(a)}{x-a} \to \cos a \quad (x\to a)$$

であるから，$f'(a) = \cos a$ が成り立つ．a は任意であるから $f'(x) = \cos x$，すなわち

$$(\sin x)' = \cos x \tag{5.5}$$

が成立することが示された.

コサイン関数についても,

$$\frac{\cos x - \cos a}{x-a} = -\sin\frac{x+a}{2}\frac{\sin\dfrac{x-a}{2}}{\dfrac{x-a}{2}} \to -\sin a \quad (x \to a)$$

となり

$$(\cos x)' = -\sin x \tag{5.6}$$

が示される. なお, §5.7 において, (5.5) と (5.6) を加法公式を用いず, §7.1 においては (5.5) から (5.6) を導く.

5.3 瞬間変化率

関数 $f(x)$ の $x=a$ における微分係数 $f'(a)$ の意味を考えよう. 定義式

$$f'(a) = \lim_{x \to a}\frac{f(x)-f(a)}{x-a}$$

において, 分子の $f(x)-f(a)$ は独立変数が a から x まで変化したときの関数の値の変化量である. したがって分数 $\dfrac{f(x)-f(a)}{x-a}$ は関数の変化量と変数の変化量 $x-a$ の比率であり, **平均変化率**と呼ばれる. この平均変化率は, 関数 $y=f(x)$ のグラフ上の 2 点 $\mathrm{A}=(a,\, f(a))$ と $\mathrm{P}=(x,\, f(x))$ とを通る直線 AP の傾きを表す. さらに, x が a に近づくとき, 点 P が点 A に近づき, 直線 AP はグラフ $y=f(x)$ の A における接線に近づいていく. したがって, この変化率の極限である微分係数 $f'(a)$ は, 関数のグラフ上の点 $(a,\, f(a))$ における接線の傾きを表す. $f'(a)$ はいわば 1 点における変化率という意味で「**瞬間変化率**」であるということができる.

以上より, 導関数 $f'(x)$ は x に対してそこにおける瞬間変化率を対応させる関数だということになる.

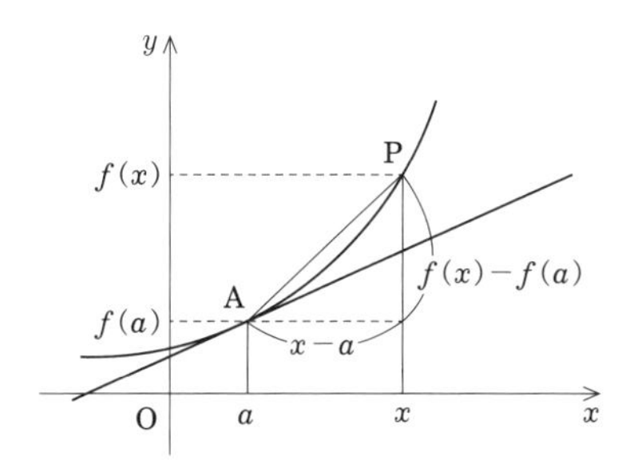

図 5.2　瞬間変化率

5.4 微分可能性

関数によっては導関数の値が定まらない点が存在することがある．

例 5.1　関数

$$f(x) = |x|$$

の $x = 0$ における変化率をみてみよう．

$$\frac{f(x)-f(0)}{x-0} = \frac{|x|-|0|}{x-0} = \frac{|x|}{x} = \begin{cases} 1 & (x > 0 \text{ のとき}) \\ -1 & (x < 0 \text{ のとき}) \end{cases}$$

となることより，

$$\lim_{x\to+0} \frac{f(x)-f(0)}{x-0} = 1, \quad \lim_{x\to-0} \frac{f(x)-f(0)}{x-0} = -1$$

であって右極限値と左極限値が一致しないので

$$\lim_{x\to 0} \frac{f(x)-f(0)}{x-0}$$

は存在しない．すなわち $x = 0$ における微分係数 $f'(0)$ が定まらない．このことは，この関数のグラフが $x = 0$ で接線が定まらないことに対応する．　◇

もう一つ例を挙げる．

例 5.2

$$f(x) = \begin{cases} x\sin\dfrac{1}{x} & (x \neq 0) \\ 0 & (x = 0) \end{cases}$$

とする．そのとき，

$$\frac{f(x) - f(0)}{x - 0} = \frac{x\sin\dfrac{1}{x} - 0}{x - 0} = \sin\frac{1}{x}$$

となって $x \to +0$ とすると，$\dfrac{1}{x}$ は限りなく大きくなり，$\sin\dfrac{1}{x}$ は 1 と -1 の間を限りなく振動する．したがって

$$\lim_{x \to 0} \frac{f(x) - f(0)}{x - 0}$$

は存在せず，$x = 0$ における微分係数 $f'(0)$ は定まらない．　◇

関数 $f(x)$ に対し，

$$f'(a) = \lim_{x \to a} \frac{f(x) - f(a)}{x - a}$$

が定まるとき，$x = a$ で**微分可能**であるという．また，区間 (c, d) のすべての点で微分可能であるとき，関数 $f(x)$ は**区間** (c, d) **で微分可能**であるという．すなわち，区間 (c, d) で微分可能とは，この区間内のすべての点で導関数の値が定まるということである．

例 5.2 の関数 $f(x)$ は，$x \neq 0$ のとき $|f(x)| \leqq |x|$ であるから，$f(x) \to 0 = f(0)$ となって，$x = 0$ において連続である．微分不可能な連続関数の例である．

5.5　導関数の符号と増加・減少

$x = x_0$ において微分可能な関数 $f(x)$ に対して，

$$\lim_{x \to x_0} \frac{f(x) - f(x_0)}{x - x_0} = f'(x_0)$$

であるから，$f'(x_0) > 0$ であれば，x が x_0 に十分近ければ $(f(x) - f(x_0))/(x - x_0) > 0$ である (§2.6)．これより $x < x_0 < x'$ を満たす x_0 に十分近い x, x' に対して，$f(x) - f(x_0) < 0$，$f(x') - f(x_0) > 0$，したがって，$f(x) < f(x_0) < f(x')$ となり，$f(x)$ は $x = x_0$ の十分近くにおいて狭義の増加の状態にある．区間 (a, b) のすべての点で $f'(x) > 0$ であるときは，$f(x)$ は区間 (a, b) において狭義の単調増加になっていることを示すことができる (§8.3)．全く同様に，$f(x)$ が区間 (a, b) で $f'(x) < 0$ であれば，$f(x)$ はこの区間で狭義の単調減少である．

5.6 逆関数の導関数

✤ 逆関数の導関数

逆関数の導関数について，次の定理が成り立つ．

定理 5.1 区間 (c, d) で微分可能な関数 $y = f(x)$ $(x \in (c, d))$ は，すべての $x \in (c, d)$ に対して $f'(x) > 0$ (または，すべての $x \in (c, d)$ に対して $f'(x) < 0$) を満たすならば，狭義単調増加関数 (または，狭義単調減少関数) であり，連続な逆関数が存在する．その逆関数を $x = g(y)$ とすれば，この逆関数もすべての点で微分可能であり，$f'(g(y)) \neq 0$ となる y において

$$g'(y) = \frac{1}{f'(g(y))} \tag{5.7}$$

が成り立つ．

等式 (5.7) は

$$\frac{dx}{dy} = \frac{1}{\dfrac{dy}{dx}} \tag{5.8}$$

と表すことができる．

証明　定理を証明するために，$g(b)=a$ と おくと，逆関数の関係より，$f(a)=b$ が成り立つ．この場合，逆関数は連続であるから，$y\to b$ のとき $x=g(y)\to a=g(b)$ となり，

$$\frac{g(y)-g(b)}{y-b}=\frac{x-a}{f(x)-f(a)}=\frac{1}{\dfrac{f(x)-f(a)}{x-a}}$$

$$\to\frac{1}{f'(a)}=\frac{1}{f'(g(b))}\quad(y\to b)$$

となる．すなわち

$$g'(b)=\frac{1}{f'(g(b))}$$

が成り立つ．　□

✤ 公式から求めた $(e^x)'$

関数 $y=e^x$ は関数 $x=\log y$ の逆関数であるから，x と y の役割を入れ替えた定理 5.1 によって

$$\frac{dy}{dx}=\frac{1}{\dfrac{dx}{dy}}=\frac{1}{\dfrac{1}{y}}=y=e^x,$$

すなわち

$$(e^x)'=e^x$$

となる．この公式はすでに §5.2 で示したものである．

✤ アークサイン関数の導関数

アークサイン関数 $y=\sin^{-1}x$ はサイン関数を制限した関数 $x=\sin y$ $\left(-\dfrac{\pi}{2}\leqq y\leqq\dfrac{\pi}{2}\right)$ の逆関数である．したがって，定理 5.1 によって，$\dfrac{dx}{dy}=\cos y\neq 0$ である $-\dfrac{\pi}{2}<y<\dfrac{\pi}{2}$ において微分可能で

$$\frac{dy}{dx} = \frac{1}{\dfrac{dx}{dy}} = \frac{1}{\cos y}$$

となる．区間 $-\dfrac{\pi}{2} < y < \dfrac{\pi}{2}$ において $\cos y > 0$ であるから，

$$\cos y = \sqrt{1 - \sin^2 y} = \sqrt{1 - x^2}$$

となり，

$$(\sin^{-1} x)' = \frac{1}{\sqrt{1 - x^2}} \quad (-1 < x < 1)$$

であることが分かった．

5.7 $(e^{ix})' = ie^{ix}$

半角の公式 (4.13) とサインの倍角公式 (4.5) により

$$1 - \cos\theta = 2\sin^2\frac{\theta}{2} = 2\sin\frac{\theta}{2}\cos\frac{\pi}{2}\frac{\sin\dfrac{\theta}{2}}{\cos\dfrac{\theta}{2}} = \sin\theta\tan\frac{\theta}{2}$$

が成り立つから

$$\lim_{\theta\to 0}\frac{1 - \cos\theta}{\theta} = \lim_{\theta\to 0}\frac{\sin\theta}{\theta}\lim_{\theta\to 0}\tan\frac{\theta}{2} = 1 \times 0 = 0$$

である．したがって，

$$\frac{e^{i\theta} - 1}{\theta} = \frac{-1 + \cos\theta}{\theta} + \frac{\sin\theta}{\theta}i \ \to\ -0 + 1 \times i \quad (\theta \to 0)$$

が得られる．これを用いると

$$\frac{e^{ix} - e^{ia}}{x - a} = \frac{e^{i(x-a)} - 1}{x - a} \times e^{ia} \ \to\ ie^{ia} \quad (x \to a)$$

が得られる．これは

$$(e^{ix})' = ie^{ix}$$

を意味する．ここでは，複素数に値をとる関数の極限値は，実部と虚部の極限値の和を考えているので，関数 e^{ix} の導関数は実部の導関数と虚部の導関数の和として考える．したがって，

$$(\cos x + i\sin x)' = i(\cos x + i\sin x)$$
$$(\cos x)' + i(\sin x)' = -\sin x + i\cos x$$

となり，

$$(\cos x)' = -\sin x, \quad (\sin x)' = \cos x$$

が得られる．

ことばとイメージ(6)

導関数の記号

関数 $y = f(x)$ の導関数を

$$\frac{dy}{dx} = y' = f'(x)$$

と書きました (§5.1). $f'(x)$ は x における微分係数です. 変数 x を任意に固定して極限を取るので, x に近づける変数を u として表せば,

$$f'(x) = \lim_{u \to x} \frac{f(u) - f(x)}{u - x}$$

となります. $u - x$ は変数 x が x から u までの変化量です. この変化量を Δx と書いて x の**増分**といいます. 増分 Δx に応じて y も変化しますが, そときの y の変化量 (増分) は

$$\Delta y = f(x + \Delta x) - f(x)$$

となります. したがって,

$$f'(x) = \lim_{\Delta x \to 0} \frac{\Delta y}{\Delta x}$$

となり, 導関数は増分の比 $\dfrac{\Delta y}{\Delta x}$ の極限値ということですから, 導関数の記号として $\dfrac{dy}{dx}$ は自然なものといえます. 導関数を**微分商**とも呼ぶのはこのことによります. この記号はライプニッツが初めて採用したものです. 記号 $f'(x)$ はフランスの数学者ジョゼフ=ルイ・ラグランジュ(Joseph–Louis Lagrange, 1736–1813) が使い始めました. ニュートンは時間 t の関数 y の導関数を**流率**と呼んで $\dot{y}$ と書いています.

演習問題 5

A. 確認問題

次のそれぞれの記述の正誤を判定せよ.

1. 定数関数 $f(x)=c$ について, 任意の a に対して

$$\frac{f(x)-f(a)}{x-a}=\frac{c-c}{x-a}=0\to 0 \quad (x\to a)$$

であるから $f'(a)=0$ が成り立つ. したがって, $f'(x)=0$ である.

2. 関数 $f(x)$ の導関数 $f'(x)$ があるとき,

$$f'(a)=\lim_{x\to a}\frac{f(x)-f(a)}{x-a}$$

である.

3. どんな関数 $f(x)$ に対しても $f'(a)$ が定まる.

4. $f'(a)$ は関数 $y=f(x)$ のグラフ上の点 $(a,\ f(a))$ における接線の傾きである.

5. $f'(a)$ は関数 $y=f(x)$ の $x=a$ における「瞬間変化率」を意味する.

6. $\displaystyle\lim_{h\to 0}\frac{\log(1+h)^{\frac{1}{h}}}{1+h}=1$

7. $(\sin^{-1}y)'=\cos^{-1}y$

8. $f(x)=\sin^{-1}x$ の $x=\dfrac{\sqrt{3}}{2}$ における微分係数は $\dfrac{\pi}{6}$ である.

9. 関数 $x=\sqrt{y}$ は関数 $y=x^2$ $(0\leqq x<\infty)$ の逆関数であるから

$$\frac{dx}{dy}=\frac{1}{\dfrac{dy}{dx}}=\frac{1}{2x}=\frac{1}{2\sqrt{y}}$$

すなわち, $(\sqrt{y})'=\dfrac{1}{2\sqrt{y}}$ が成り立つ.

B. 演習問題

1. $(\cos^{-1}x)'$ を求めよ.

2. n を自然数とするとき, $(\sqrt[n]{x})'$ を求めよ.

関数の生成

前章までに現れた多項式，三角関数，指数関数とそれらの逆関数を整理し，それらを四則や合成を行って得られる関数を考え，その扱える対象となる関数を増やす．本章で取り上げる関数は すべて**初等関数**と呼ばれるものである．

本章のキーワード
関数の和・定数倍・積・商，合成関数

6.1　x^n $(n = 0, 1, 2, \cdots)$

主な関数について整理しておこう．n を負でない整数とするとき，関数 $f(x) = x^n$ は定義域は $(-\infty, \infty)$ であり，導関数は

$$f'(x) = nx^{n-1}$$

である．関数の増加減少や値域は n が偶数のとき，n が奇数のとき，$n = 0$ のときで異なる．

(1)　n が奇数のときは狭義単調増加であり，値域は $(-\infty, \infty)$ である．

(2)　n が偶数のときは $(-\infty, 0]$ で狭義単調減少，$[0, \infty)$ で狭義単調増加で，値域は $[0, \infty)$ である．

(3)　$n = 0$ のときは $f(x) = 1$ となる定数関数であり，値域は 1 点集合 $\{1\}$ である．

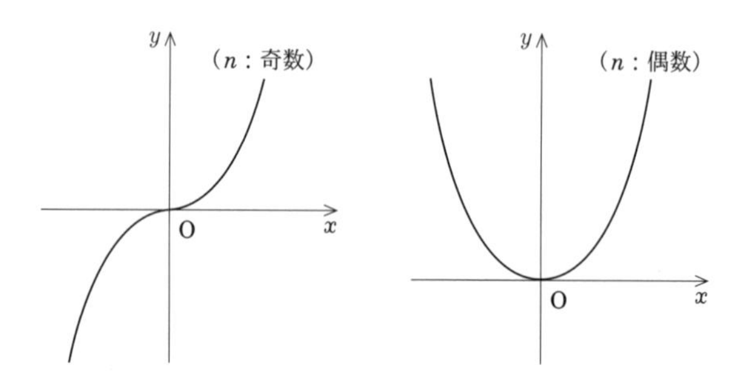

図 **6.1**　$y = x^n$ $(n = 0,\ 1,\ 2,\ \cdots)$ のグラフ

6.2　x^n $(n = -1, -2, \cdots)$

n が負の整数のとき，関数 $f(x) = x^n$ は x^{-n} の逆数で $f(x) = \dfrac{1}{x^{-n}}$ となり，定義域は $x \neq 0$，区間でいえば $(-\infty,\ 0) \cup (0,\ \infty)$ である．$(0,\ \infty)$ において狭義単調減少で $x \to +0$ のとき $f(x) \to \infty$ で，$x \to \infty$ のとき $f(x) \to 0$ となる．$(-\infty,\ 0)$ における関数の値の増減や値域は n が偶数のときと奇数のときでは異なる．

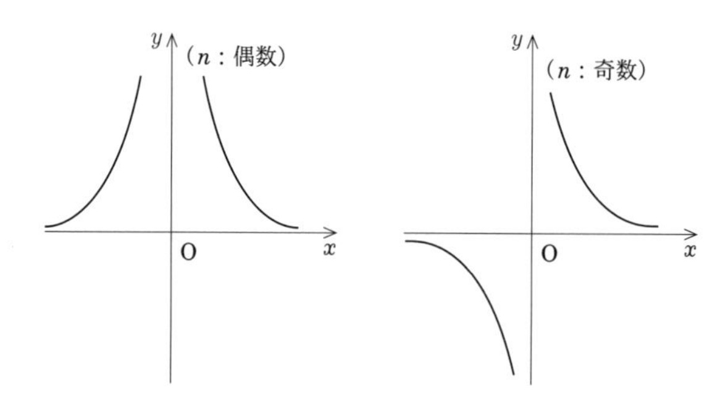

図 **6.2**　$y = x^n$ $(n = -1,\ -2,\ \cdots)$ のグラフ

6.3 x^α (α は整数ではない実数)

α を整数ではない実数とするとき，関数 $f(x) = x^\alpha$ については，定義域として $(0, \infty)$ を考える．この関数の導関数は

$$f'(x) = \alpha x^{\alpha-1}$$

が成り立つ．このことは §7.2 で説明する．この式から $\alpha > 0$ のときは定義域 $(0, \infty)$ において $f'(x) > 0$ が成り立つから，狭義単調増加である．また $\alpha < 0$ のときは定義域 $(0, \infty)$ において $f'(x) < 0$ であるから，狭義単調減少である．

6.4 e^x

指数関数 $f(x) = e^x$ については，定義域は $(-\infty, \infty)$，値域は $(0, \infty)$ であって，導関数は $f'(x) = e^x > 0$ であるから，狭義単調増加である．

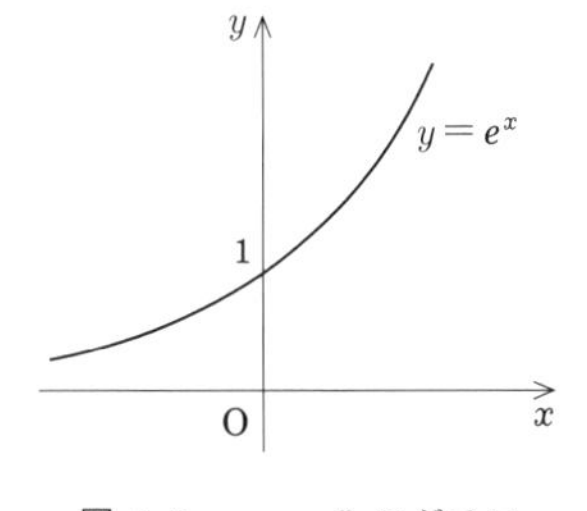

図 6.3 $y = e^x$ のグラフ

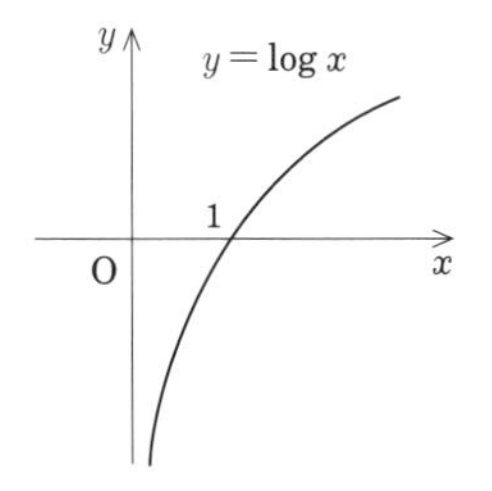

図 6.4 $y = \log x$ のグラフ

6.5 $\log x$

対数関数 $f(x) = \log x$ の定義域は $(0, \infty)$ であり，値域は $(-\infty, \infty)$ である．導関数は $f'(x) = \dfrac{1}{x} > 0$ となるから，$(0, \infty)$ で狭義単調増加である．

6.6　$\sin x$

サイン関数 $f(x) = \sin x$ の定義域は $(-\infty, \infty)$ であり，値域は $[-1, 1]$ である．この関数は周期 2π の周期関数であり，導関数は $f'(x) = \cos x$ である (図 4.6).

6.7　$\cos x$

コサイン関数 $f(x) = \cos x$ の定義域は $(-\infty, \infty)$ であり，値域は $[-1, 1]$ である．この関数も周期が 2π の周期関数であり，導関数は $f'(x) = -\sin x$ となる (図 4.5). また，サイン関数とコサイン関数の間には $\sin^2 x + \cos^2 x = 1$ の関係がある.

$$e^{i(x+\frac{\pi}{2})} = e^{ix}e^{\frac{\pi}{2}i} = e^{ix} \times i$$

より,

$$\cos\left(x+\frac{\pi}{2}\right) + \sin\left(x+\frac{\pi}{2}\right)i = (\cos x + (\sin x)i)i = -\sin x + (\cos x)i$$

が成り立つから,

$$\sin\left(x+\frac{\pi}{2}\right) = \cos x$$
$$\cos\left(x+\frac{\pi}{2}\right) = -\sin x$$

という関係があり，コサイン関数 $y = \cos x$ のグラフはサイン関数 $y = \sin x$ のグラフを負の方向に $\frac{\pi}{2}$ だけ平行移動したものになっている.

6.8　$\tan x$

タンジェント関数 $f(x) = \tan x$ は $\cos x \neq 0$ となる x で定義されるから，定義域は

$$\left\{x \,\middle|\, -\frac{\pi}{2} + n\pi < x < \frac{\pi}{2} + n\pi,\ n = 0,\ \pm 1,\ \pm 2,\ \cdots\right\}$$

であり，値域は $(-\infty, \infty)$ である (図 4.10)．この関数は周期が π の周期関数で，導関数は

$$f'(x) = \frac{1}{\cos^2 x}$$

である．このことは例 7.3 で示す．$f'(x) > 0$ であるから狭義単調増加である．

6.9　$\sin^{-1} x$

アークサイン関数 (逆正弦関数)$f(x) = \sin^{-1} x$ は定義域が $[-1, 1]$，値域が $\left[-\dfrac{\pi}{2}, \dfrac{\pi}{2}\right]$ であり，$(-1, 1)$ で微分可能，導関数は $f'(x) = \dfrac{1}{\sqrt{1-x^2}} > 0$ となることから狭義単調増加である (図 4.11)．

6.10　$\cos^{-1} x$

アークコサイン関数 (逆余弦関数)$f(x) = \cos^{-1} x$ は定義域が $[-1, 1]$ で値域は $[0, \pi]$ である．$(-1, 1)$ で微分可能で，導関数は $f'(x) = -\dfrac{1}{\sqrt{1-x^2}} < 0$ であり (演習問題 5.B.2 およびその解答参照)，狭義単調減少である (図 4.12)．

6.11　$\sin^{-1} x$ と $\cos^{-1} x$ の関係

アークサイン関数とアークコサイン関数の間には

$$\cos^{-1} x + \sin^{-1} x = \frac{\pi}{2} \tag{6.1}$$

となる関係がある．このことは次のように確かめることができる．

$y = \cos^{-1} x, z = \sin^{-1} x$ とおけば，$0 \leqq y \leqq \pi$，$-\dfrac{\pi}{2} \leqq z \leqq \dfrac{\pi}{2}$ であり，$x = \cos y$，$x = \sin z$ となる．

$$\sin y = \sqrt{1-\cos^2 y} = \sqrt{1-x^2}, \quad \cos z = \sqrt{1-\sin^2 z} = \sqrt{1-x^2}$$

であるから

$$\cos(y+z) = \cos y \cos z - \sin y \sin z = x\sqrt{1-x^2} - \sqrt{1-x^2}\,x = 0$$

となる．$y+z$ の動く区間はそれぞれの区間を単純に加えれば $-\dfrac{\pi}{2} \leqq y+z \leqq \dfrac{3\pi}{2}$ であるが，$y=0$ のときは $x=1$ となり $z=\dfrac{\pi}{2}$ であり，$y=\pi$ のときは $x=-1$ となり $z=-\dfrac{\pi}{2}$ であるから $y+z=-\dfrac{\pi}{2}$ となることも $y+z=\dfrac{3\pi}{2}$ となることもない．したがって $\cos(y+z)=0$ となるのは $y+z=\dfrac{\pi}{2}$ となるときだけである．こうして等式 $\cos^{-1} x + \sin^{-1} x = \dfrac{\pi}{2}$ が示された．

6.12　$\tan^{-1} x$

アークタンジェント関数 (逆正接関数)$f(x)=\tan^{-1} x$ は定義域は $(-\infty, \infty)$ で値域は $\left(-\dfrac{\pi}{2}, \dfrac{\pi}{2}\right)$ である．例 7.9 で示すが，この関数の導関数は $f'(x) = \dfrac{1}{1+x^2} > 0$ であるから狭義単調増加である．

6.13　関数の加減乗除

既に特に断わらずに扱ってきたが，二つの関数 $f(x)$ と $g(x)$ があれば，これより和 $f(x)+g(x)$，定数倍 $cf(x)$，積 $f(x)g(x)$，商 $\dfrac{f(x)}{g(x)}$ によって新しい関数を作ることができる．例えば，関数 x^2 と関数 x^3 の和として関数 x^2+x^3 ができ，さらに関数 x^4 の -3 倍した関数 $-3x^4$ との和をとることによって，関数 $x^2+x^3-3x^4$ ができる．

さらに，例えば関数 x^2 と関数 $\sin x$ の積として $x^2 \sin x$ ができ，商として $\dfrac{\sin x}{x^2}$ ができる．

$1, x, x^2, \cdots, x^n$ の定数倍の和である

$$p(x) = a_n x^n + a_{n-1} x^{n-1} + \cdots + a_1 x + a_0$$

の形の関数を**多項式**という．また二つの多項式 $p(x)$，$q(x)$ の商である $\dfrac{p(x)}{q(x)}$

の形の関数を**有理関数**という．

6.14　合成関数

関数 $y = f(x)$ と関数 $x = g(t)$ からできる関数 $y = f(g(t))$ を二つの関数の**合成関数**という．

例 6.1　(1)　関数 $y = \sqrt{x}$ と関数 $x = t^2+1$ を合成すると，関数 $y = \sqrt{t^2+1}$ ができる．

(2)　関数 $\dfrac{1}{\sqrt{1+x^2}}$ は，関数 $y = \dfrac{1}{\sqrt{t}}$ と関数 $t = 1 + x^2$ を合成することによってできる．

(3)　関数 $y = e^{\frac{x^2}{2}}$ は関数 $y = e^t$ と関数 $t = \dfrac{x^2}{2}$ を合成することによってできる．

(4)　関数 $y = \log t$ と関数 $t = 1 + x$ を合成すれば，$y = \log(1 + x)$ ができる．

(5)　関数 $y = \sin t$ と 1 次関数 $t = kx + b$ (k, b は定数) を合成すれば，関数 $y = \sin(kx + b)$ ができる．　◇

6.15　関数の生成

関数記号を用いて関数を表す立場からすると，関数の和 $f + g$，関数の定数倍 cf，関数の積 fg，関数の商 $\dfrac{f}{g}$，関数の合成 $f \circ g$ はそれぞれ関数 f と g から次のようにして定まる関数である．

(1)　$(f + g)(x) = f(x) + g(x)$

(2)　$(cf)(x) = cf(x)$

(3)　$(fg)(x) = f(x)g(x)$

(4)　$\left(\dfrac{f}{g}\right)(x) = \dfrac{f(x)}{g(x)}$

(5)　$(f \circ g)(x) = f(g(x))$

これらの意味は，次の例にあるようなことである．

例 6.2 (1)　関数 f が $f(x) = x^2$ で，関数 g が $g(x) = x^3$ で与えられるとき，f と g の和の関数 $f + g$ は，$(f+g)(x) = x^2 + x^3$ で与えられる関数である．

(2)　関数 f が $f(x) = e^x$ で与えられる関数であるとき，f の 2 倍 $2f$ は $(2f)(x) = 2e^x$ で与えられる関数である．

(3)　関数 f が $f(x) = e^x$ で与えられる関数で，関数 g が $g(x) = \sin x$ で与えられる関数であるとき，f と g の積の関数 fg は，$(fg)(x) = e^x \sin x$ で与えられる関数である．

(4)　関数 f が $f(x) = x^2$ で与えられる関数で，関数 g が $g(x) = e^x$ で与えられる関数であるとき，f と g の商 $\dfrac{f}{g}$ は，$\left(\dfrac{f}{g}\right)(x) = \dfrac{x^2}{e^x} = x^2 e^{-x}$ で与えられる関数である．

(5)　関数 f が $f(x) = x^2$ で与えられる関数で，関数 g が $g(x) = e^x$ で与えられる関数であるとき，f と g の合成関数 $f \circ g$ は，$(f \circ g)(x) = (e^x)^2 = e^{2x}$ で与えられる関数であり，g と f の合成関数 $g \circ f$ は $(g \circ f)(x) = e^{x^2}$ で与えられる関数である．このように一般には $f \circ g$ と $g \circ f$ は等しくない．　◇

6.16　和と積の定義域

関数 f の定義域を D_f，関数 g の定義域を D_g とするとき，和 $f + g$ の定義域 D_{f+g}，積 fg の定義域は $f(x), g(x)$ ともに定義されている必要があり

$$D_{f+g} = D_{fg} = D_f \cap D_g$$

となる．例えば，関数 e^x と関数 $\log x$ の和 $e^x + \log x$ 定義域は $(0, \infty)$ であり，関数 $\sqrt{1-x}$ と関数 $\log x$ の積である関数 $\sqrt{1-x}\log x$ の定義域は $(0, 1]$ である．

6.17　商の定義域

関数 f と関数 g の商の定義域については

$$D_{f/g} = D_f \cap \{x \in D_g \mid g(x) \neq 0\}$$

となる．例えば，関数 $\sqrt{x}$ と関数 $x-1$ の商である関数 $\dfrac{\sqrt{x}}{x-1}$ の定義域は

$$[0,\, 1) \cup (1,\, \infty)$$

である．

6.18　合成関数の定義域

関数 f と関数 g の合成関数 $f \circ g$ の定義域ついては，

$$D_{f \circ g} = \{x \in D_g \mid g(x) \in D_f\}$$

となる．例えば $f(t) = \dfrac{\sqrt{1-t^2}}{t}$，$g(x) = \sqrt{x}$ とすれば，

$$D_f = [-1,\, 0) \cup (0,\, 1], \quad D_g = [0,\, \infty)$$

であるから，関数 $(f \circ g)(x) = \dfrac{\sqrt{1-x}}{\sqrt{x}}$ の定義域は

$$D_{f \circ g} = (0,\, 1]$$

となる．

演習問題 6

A. 確認問題

次のそれぞれの記述の正誤を判定せよ．

1. n を自然数とするとき，関数 $y = x^n$ の値域は $(-\infty, \infty)$ である．また導関数は $y' = nx^{n-1}$ である．

2. 指数関数 $y = e^x$ の定義域は $(0, \infty)$ であり，値域は $(-\infty, \infty)$ である．また導関数は $y' = e^x$ である．

3. 対数関数 $y = \log x$ の定義域は $(-\infty, \infty)$ であり，値域は $(0, \infty)$ である．また導関数は $y' = \dfrac{1}{x}$ である．

4. コサイン関数 $y = \cos x$ の値域は $[-1, 1]$ であり，導関数は $y' = -\sin x$ である．

5. アークサイン関数 $y = \sin^{-1} x$ の定義域は $[-1, 1]$ であり，値域は $[0, \pi]$ である．また，導関数は $y' = \dfrac{1}{\sqrt{1 - x^2}}$ である．

6. アークタンジェント関数 $y = \tan^{-1} x$ の値域は $\left[-\dfrac{\pi}{2}, \dfrac{\pi}{2}\right]$ であり，狭義単調増加である．

7. アークサイン関数とアークコサイン関数の間には

$$\sin^{-1} x + \cos^{-1} x = \frac{\pi}{2}$$

の関係がある．

8. 関数 $y = e^{x^3}$ は関数 $y = e^t$ と関数 $t = x^3$ を合成してできる．

9. 関数 $y = \log x$ と関数 $x = t^2 + 1$ を合成すると関数 $y = (\log x)^2 + 1$ ができる．

10. 関数 $\sqrt{1 - x}\log(x + 1)$ の定義域は $[-1, 1]$ である．

B. 演習問題

次の関数の定義域は何か．

1. $\dfrac{1}{\log x}$

2. $\log\left|\dfrac{x - 1}{x + 1}\right|$

導関数と第2次導関数

前章で得られた関数の導関数の計算法を説明する．次に導関数の導関数である第 2 次導関数をとり上げる．第 2 次導関数は導関数の値の変化を記述する．力学的には運動に対して第 2 次導関数は加速度を意味する．

本章のキーワード
微分する，合成関数の微分，逆関数の微分，対数微分法，
第 2 次導関数，極大値，極小値，第 n 次導関数

7.1　導関数の計算

✤ 関数の四則の導関数

関数の導関数を求めることを，関数を**微分する**という．関数の和，差，積，商は次の定理の公式を用いて計算できる．

定理 7.1　二つの関数 f と g が区間 I で微分可能であるとき，和 $f+g$，定数倍 cf(c は定数)，積 fg は区間 I で微分可能であり，さらに商 $\dfrac{f}{g}$ は I の $g(x) \neq 0$ となる x において微分可能で，次の等式が成り立つ．

(1)　$(f+g)'(x) = f'(x) + g'(x)$

(2)　$(cf)'(x) = cf'(x)$

(3)　$(fg)'(x) = f'(x)g(x) + f(x)g'(x)$

(4)　$\left(\dfrac{f}{g}\right)'(x) = \dfrac{f'(x)g(x) - f(x)g'(x)}{\{g(x)\}^2}$

例 7.1　定理 7.1 の (1) と (2) を用いる例である.

(1)

$$
\begin{aligned}
(3x^2 + 2x + 1)' &= (3x^2)' + (2x)' + (1)' \\
&= 3(x^2)' + 2(x)' + 0 \\
&= 3 \times 2x + 2 \times 1 \\
&= 6x + 2
\end{aligned}
$$

となる.

(2)　§6.11, (6.1) を用いると $(\cos^{-1} x)'$ を演習問題 5.B.2. とは別の方法で求めることができる.

$$
(\cos^{-1} x)' = (\frac{\pi}{2} - \sin^{-1} x)' = -(\sin^{-1} x)' = -\frac{1}{\sqrt{1 - x^2}}
$$

となる.　◇

定理 7.1 の (3) を用いる導関数の計算例を二つ示す.

例 7.2

$$
(x^2 \log x)' = (x^2)' \log x + x^2 (\log x)' = 2x \log x + x^2 \times \frac{1}{x} = 2x \log x + x.
$$

$$
(x \sin x)' = 1 \times \sin x + x \cos x = \sin x + x \cos x.
$$

◇

例 7.3：$(\tan x)'$　定理 7.1 の (4) を用いると

$$
\begin{aligned}
(\tan x)' &= \left(\frac{\sin x}{\cos x}\right)' = \frac{(\sin x)'\cos x - \sin x(\cos x)'}{\cos^2 x} \\
&= \frac{\cos x \times \cos x - \sin x(-\sin x)}{\cos^2 x} = \frac{1}{\cos^2 x}
\end{aligned}
$$

となり，タンジェント関数の導関数が得られた. ◇

✤ 定理 7.1 (3) の証明

定理 7.1 の (3) は次のように証明される.

$$
\begin{aligned}
\frac{f(x)g(x) - f(a)g(a)}{x-a} &= \frac{f(x)g(x) - f(a)g(x) + f(a)g(x) - f(a)g(a)}{x-a} \\
&= \frac{f(x)-f(a)}{x-a}g(x) + f(a)\frac{g(x)-g(a)}{x-a} \qquad (7.1) \\
&\to f'(a)g(a) + f(a)g'(a) \quad (x \to a). \qquad (7.2)
\end{aligned}
$$

✤ 微分可能関数の連続性

(7.1) から (7.2) への移行では，$g(x) \to g(a)$ $(x \to a)$ となる，言いかえれば，$g(x)$ は $x = a$ で連続であるという事実を使っている．$x = a$ で連続であることは，

$$
h(x) = \frac{g(x)-g(a)}{x-a} - g'(a)
$$

とおくと，

$$
\lim_{x \to a} h(x) = 0
$$

であることにより，

$$
g(x) = g(a) + (h(x) + g'(a))(x-a) \to \ g(a) + (0 + g'(a)) \times 0 \quad (x \to a)
$$

となるからである．これは一般的な性質として次のように述べられる.

定理 7.2 関数は微分可能な点において連続である.

✤ 合成関数の導関数

合成関数の導関数については次のことが成り立つ.

定理 7.3 関数 $x=g(t)$ の値域が関数 $y=f(x)$ の定義域に含まれ, $x=g(t)$ が t において微分可能, $y=f(x)$ が $x=g(t)$ において微分可能であるとき, 合成関数 $y=(f\circ g)(t)$ は t について微分可能であって

$$(f\circ g)'(t)=f'(g(t))g'(t) \tag{7.3}$$

が成り立つ. この公式は

$$\frac{dy}{dt}=\frac{dy}{dx}\frac{dx}{dt} \tag{7.4}$$

と書き表すこともできる.

例 7.4 $y=x^2$ と $x=t^3$ の合成関数は $y=(t^3)^2=t^6$ であり

$$\begin{aligned}\frac{dy}{dt}&=6t^5,\\ \frac{dy}{dx}\frac{dx}{dt}&=2x\times 3t^2=2t^3\times 3t^2=6t^5\end{aligned}$$

となって, (7.4) が成り立つ. ただし, (7.4) の右辺の $\dfrac{dy}{dx}$ は x の関数であるので, $x=g(t)$ と合成することによって (7.4) が成り立つ. (7.4) ではこのことが省略されている. ◇

✤ 定理 7.3 の証明

定理 7.3 は次のように証明される. $g(t)$ は $t=t_0$ において微分可能であるとして

$$x_0=g(t_0),\quad k=g(t)-g(t_0)$$

とおく. 関数 $g(t)$ は $t=t_0$ で微分可能であるから, そこで連続関数である. したがって

$$\lim_{t \to t_0} k = \lim_{t \to t_0} (g(t) - g(t_0)) = 0$$

が成り立つ．したがって

$$\frac{f(g(t)) - f(g(t_0))}{t - t_0} = \frac{f(g(t_0) + k) - f(g(t_0))}{k} \times \frac{g(t) - g(t_0)}{t - t_0}$$
$$\to f'(g(t_0))g'(t_0) \quad (t \to t_0)$$

となり定理が成り立つ．

ここでは $t = t_0$ の近くで $t \neq t_0$ のとき $k \neq 0$ になる単純な場合を証明したが，定理は一般に成り立つ． □

いくつかの関数について，合成関数の微分公式を用いて導関数を求めてみよう．

例 7.5　関数 $y = e^{x^2}$ は，関数 $y = e^t$ と関数 $t = x^2$ の合成関数であるから，

$$\frac{dy}{dx} = \frac{dy}{dt}\frac{dt}{dx} = e^t \times 2x = 2xe^{x^2}.$$

これは次のように考えて計算してもできる．e^{x^2} を x で微分するには，まず x^2 で微分すると e^{x^2} であり，それに x^2 を x で微分してできる $2x$ を掛ければ得られる．すなわち，

$$\frac{de^{x^2}}{dx} = \frac{de^{x^2}}{d(x^2)} \times \frac{d(x^2)}{dx} = e^{x^2} \times 2x = 2xe^{x^2}$$

となる． ◇

例 7.6　関数

$$f(x) = \log\sqrt{1 + x^2}$$

を x について微分するには，まず $\sqrt{1+x^2}$ で微分したものに，$\sqrt{1+x^2}$ を $1 + x^2$ で微分したものを掛け，さらに $1 + x^2$ を x で微分したものを掛ける．すなわち，

$$f'(x) = \frac{1}{\sqrt{1+x^2}} \times \frac{1}{2\sqrt{1+x^2}} \times 2x = \frac{x}{1+x^2}.$$

この関数は，$f(x) = \dfrac{1}{2}\log(1+x^2)$ であるから，まず $1+x^2$ で微分したものに $1+x^2$ を x で微分したものを掛けてもよい．すなわち，

$$f'(x) = \frac{1}{2} \times \frac{1}{1+x^2} \times 2x = \frac{x}{1+x^2}$$

となる． ◇

例 7.7　$x > 0$ のとき $(\log x)' = \dfrac{1}{x}$ が成り立つ．$x < 0$ のとき

$$(\log(-x))' = \frac{d\log(-x)}{d(-x)}\frac{d(-x)}{dx} = \frac{1}{-x} \times (-1) = \frac{1}{x}$$

となるので

$$(\log|x|)' = \frac{1}{x}$$

が成り立つ． ◇

例 7.8　$\cos x = \sin\left(x + \dfrac{\pi}{2}\right), -\sin x = \cos\left(x + \dfrac{\pi}{2}\right)$ であるから，

$$(\cos x)' = \frac{d\sin\left(x+\frac{\pi}{2}\right)}{d\left(x+\frac{\pi}{2}\right)}\frac{d\left(x+\frac{\pi}{2}\right)}{dx} = \cos\left(x+\frac{\pi}{2}\right) = -\sin x$$

となり，コサイン関数の導関数の公式を，サイン関数の導関数の公式と合成関数の導関数の公式を用いて導くことができた． ◇

7.2　定理 5.1 (逆関数の微分公式) の証明

$x = g(y)$ が $y = f(x)$ の逆関数であるとき，$f(g(y)) = y$ が成り立つ．この等式の両辺を y で微分すると，合成関数の微分の公式より

$$\frac{dy}{dx}\frac{dx}{dy} = 1$$

となる．したがって，

$$\frac{dx}{dy} = \frac{1}{\dfrac{dy}{dx}}$$

となり定理 5.1 が得られる. □

例 7.9：$\tan^{-1} x$ の導関数　アークタンジェント関数はタンジェント関数 $x = \tan y$ $\left(-\dfrac{\pi}{2} < y < \dfrac{\pi}{2}\right)$ の逆関数であるから. $\tan(\tan^{-1} x) = x$ が成り立つ. この最後の等式は $\tan y = x$ であるから, この両辺を x で微分すると, 合成関数の導関数の公式およびタンジェント関数の導関数の公式より,

$$\frac{1}{\cos^2 y}\frac{dy}{dx} = 1$$

となる. ところが

$$1 + x^2 = 1 + (\tan y)^2 = 1 + \frac{\sin^2 y}{\cos^2 y} = \frac{\cos^2 y + \sin^2 y}{\cos^2 y} = \frac{1}{\cos^2 y}$$

であるから

$$\frac{dy}{dx} = \cos^2 y = \frac{1}{1 + x^2}$$

となる. こうして

$$(\tan^{-1} x)' = \frac{1}{1 + x^2}$$

が得られた. ◇

例 7.10：$(x^a)' = ax^{a-1}$　a が必ずしも自然数ではない実数のときの関数 x^a に対して

$$(x^a)' = ax^{a-1}$$

が成り立つことを示す.

$y = x^a$ の両辺の対数を取った

$$\log y = a \log x$$

の両辺を x で微分すると

$$\frac{1}{y}y' = a \times \frac{1}{x}$$

である．ゆえに，

$$\begin{aligned} y' &= \frac{ay}{x} \\ &= \frac{ax^a}{x} \\ &= ax^{a-1} \end{aligned}$$

が得られる． ◇

このように，関数の対数をとって微分する方法を**対数微分法**という．

例 7.11　対数微分法によって次の二式を微分する．

(1)　$y = a^x \quad (a > 0, \neq 1)$　　(2)　$y = x^x$

(1)　$\log y = \log a^x = x \log a$ の両辺を微分して

$$\frac{y'}{y} = \log a$$

であるから

$$y' = y \log a = a^x \log a$$

となる．

(2)　$\log y = \log x^x = x \log x$ の両辺を微分して

$$\frac{y'}{y} = \log x + x \cdot \frac{1}{x} = \log x + 1$$

であるから

$$y' = y(\log x + 1) = x^x(\log x + 1)$$

が得られる． ◇

7.3　極値

関数 $f(x)$ が $x=a$ の近くで定義されているとする．$f(x)$ を a を含むある開区間に制限して考えるとき，$x=a$ で最小値をとるならば，関数 $f(x)$ は $x=a$ において**極小値**をとるという．また $x=a$ の近くに制限して考えるとき，$x=a$ で最大値をとるとき，関数 $f(x)$ は $x=a$ で**極大値**をとるという．極大値または極小値をとることを**極値**をとるという．

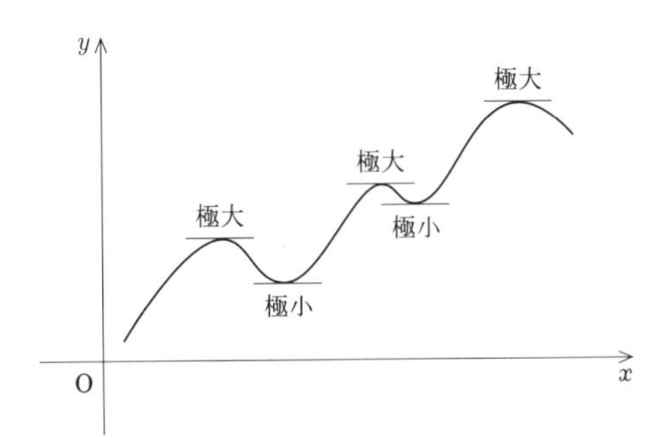

図 **7.1**　極大値と極小値

微分可能な関数 $f(x)$ が，$x=a$ において極大値をとれば，a を含むある区間のすべての点 x に対して，$f(x) \leqq f(a)$ であるから，$x<a$ のとき

$$\frac{f(x)-f(a)}{x-a} \geqq 0$$

である．ここで $x \to a-0$ とすれば $f'(a) \geqq 0$ である．また $a<x$ のとき，

$$\frac{f(x)-f(x)}{x-a} \leqq 0$$

である．ここで $x \to a+0$ とすれば $f'(a) \leqq 0$ である．したがって，$f'(a)=0$ でなければならない．このことは，値 $f(a)$ が $f(x)$ の極小値のときも同じで $f'(a)=0$ となる．こうして次の定理が成り立つ．

定理 7.4　関数 $f(x)$ が $x=a$ において極値をとれば，$f'(a)=0$ である．

この定理より，微分可能な関数 $f(x)$ の極値をとる点は，$f'(x)=0$ を満たす x に絞られる．

例 7.12　関数 $f(x)=xe^{-x^2}$ の導関数は，

$$f'(x)=1\times e^{-x^2}+xe^{-x^2}(-2x)=e^{-x^2}(1-2x^2)$$

となる．これより，$f'(x)=0$ となるのは $x=\dfrac{\sqrt{2}}{2}$ と $x=-\dfrac{\sqrt{2}}{2}$ の 2 点である．これより，次の表を作る．

x	$x<-\frac{\sqrt{2}}{2}$	$x=-\frac{\sqrt{2}}{2}$	$-\frac{\sqrt{2}}{2}<x<\frac{\sqrt{2}}{2}$	$x=\frac{\sqrt{2}}{2}$	$\frac{\sqrt{2}}{2}<x$
$f'(x)$	$-$	0	$+$	0	$-$
$f(x)$	減少	極小	増加	極大	減少

$$f\left(-\frac{\sqrt{2}}{2}\right)=-\frac{\sqrt{2}}{2}e^{-\frac{1}{2}},\quad f\left(\frac{\sqrt{2}}{2}\right)=\frac{\sqrt{2}}{2}e^{-\frac{1}{2}},$$
$$\lim_{x\to-\infty}xe^{-x^2}=0,\qquad \lim_{x\to\infty}xe^{-x^2}=0$$

であるから，この関数は $x=-\dfrac{\sqrt{2}}{2}$ で最小値をとり，$x=\dfrac{\sqrt{2}}{2}$ で最大値をとる．　◇

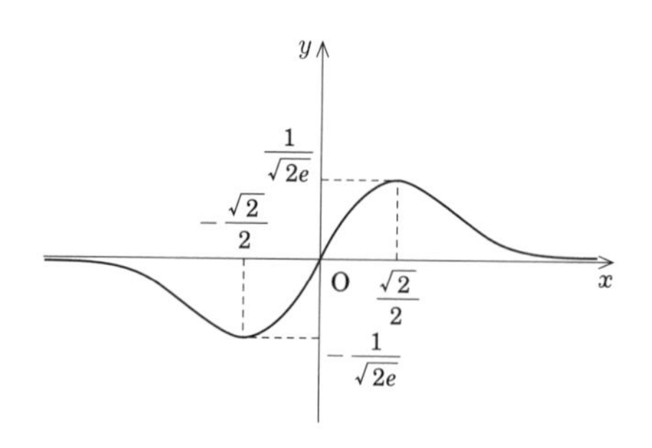

図 7.2　$y=xe^{-x^2}$ のグラフ

7.4 高次導関数

関数 $y = f(x)$ の導関数 $\dfrac{dy}{dx} = f'(x)$ が微分可能であるとき $f(x)$ は **2 回微分可能**といい，$f'(x)$ の導関数，すなわち，関数 $y = f(x)$ を 2 回微分することによって得られる関数を，$f(x)$ の**第 2 次導関数**または **2 階導関数**といいい，記号

$$\frac{d^2y}{dx^2} \quad \text{または} \quad f''(x) \quad \text{または} \quad y'' \quad \text{または} \quad \frac{d^2f}{dx^2}(x)$$

で表す.

例 7.13 関数 $y = x^5$ について，導関数は $\dfrac{dy}{dx} = 5x^4$ であるから第 2 次導関数は

$$\frac{d^2y}{dx^2} = 5 \times 4x^3 = 20x^3$$

となる. ◇

直線上を運動する点の時刻 t における位置が $x(t)$ であれば，導関数の値は $x(t)$ の変化率であり**速度**を意味するが，速度の変化率である**加速度**は $x'(t)$ の導関数，すなわち第 2 次導関数の t における値である. (☞ p.135「ことばとイメージ (7)」を参照.)

第 2 次導関数の導関数として第 3 次導関数，一般に第 n 次導関数の導関数として第 $n+1$ 次導関数が定義される. $y = f(x)$ に対して**第 n 次導関数**は

$$y^{(n)} = \frac{d^ny}{dx^n} = f^{(n)}(x) = \frac{d^nf}{dx^n}(x)$$

などの記法が用いられるが，$f^{(0)}(x) = f(x)$，$f^{(1)}(x) = f'(x)$，$f^{(2)}(x) = f''(x)$ 等である.

例 7.14 (1) 関数 $f(x) = e^x$ については，導関数は $f'(x) = e^x$，第 2 次導関数についても $f''(x) = e^x$ となり，一般に $f^{(n)}(x) = e^x$ である.

(2)　関数 $f(x) = x^a$ のとき，a が 0 または正の整数であり $n \geqq a$ であれば，$f^{(n)}(x) = 0$ であるが，それ以外であれば $f^{(n)}(x) = a(a-1)(a-2)\cdots(a-n+1)x^{a-n}$ となる．

(3)　関数 $y = \log x$ については，導関数は $y' = \dfrac{1}{x}$，第 2 次導関数は

$$y'' = (x^{-1})' = -\frac{1}{x^2}$$

となる．一般に $n \geqq 1$ であれば

$$y^{(n)} = (-1)(-2)\cdots(-n+1)x^{-n} = \frac{(-1)^{n-1}(n-1)!}{x^n}$$

である．

(4)　関数 $y = \cos x$ については，導関数は $y' = -\sin x$ であり，高次については $y'' = -\cos x$，$y''' = \sin x$ となるので，$n = 4k$ のとき $y^{(n)} = \cos x$，$n = 4k+1$ のとき $y^{(n)} = -\sin x$，$n = 4k+2$ のとき $y^{(n)} = -\cos x$，$n = 4k+3$ のとき $y^{(n)} = \sin x$ となる．$\cos(x + \pi/2) = -\sin x$ であることから

$$y^{(n)} = \cos\left(x + \frac{n\pi}{2}\right)$$

と書くこともできる．

(5)　関数 $y = \sin x$ については，導関数は $y' = \cos x$，第 2 次導関数は $y'' = -\sin x$ であり，$n = 4k$ のとき $y^{(n)} = \sin x$，$n = 4k+1$ のとき $y^{(n)} = \cos x$，$n = 4k+2$ のとき $y^{(n)} = -\sin x$，$n = 4k+3$ のとき $y^{(n)} = -\cos x$ である．$\cos x$ に対してと同様に

$$y^{(n)} = \sin\left(x + \frac{n\pi}{2}\right)$$

となる．

演習問題 7

A. 確認問題

次のそれぞれの記述の正誤を判定せよ．

1. $(x^3 \cos x)' = 3x^2 \cos x + x^3 \sin x$

2. $\left(\dfrac{g(x)}{f(x)}\right)' = \dfrac{g'(x)f(x) + f(x)g'(x)}{\{f(x)\}^2}$

3. $(e^{x^3})' = 3x^2 e^{x^3}$

4. $(\sin(x^2 + 1))' = x \sin(x^2 + 1)$

5. $(\sin(\cos x))' = \sin x \cos(\cos x)$

6. a を正の定数とするとき

$$\left(\sin^{-1} \frac{x}{a}\right)' = \frac{1}{\sqrt{a^2 - x^2}}.$$

7. $(x \tan^{-1} x)' = \tan^{-1} x + \dfrac{x}{1 + x^2}$

8. $(f(x)g(x))'' = (f'(x)g(x) + f(x)g'(x))' = f''(x)g(x) + f'(x)g'(x) + f(x)g''(x)$

9. $(\sin x)''' = \cos x$

B. 演習問題

1. $y = x^2 \sin x$ とするとき，y', y'' を求めよ．

2. $y = e^{x^3}$ とするとき，y', y'' を求めよ．

3. $y = \sin^{-1} \dfrac{\sqrt{a^2 - x^2}}{a}$ $(a > 0)$ とするとき，$0 < x < a$として y' を求めよ．

平均値の定理とテイラーの定理

グラフは接点の近くでは接線とあまり離れていない．このことを関数の 1 次関数による近似，1 次近似という．さらに平均値の定理を一般化したテイラーの定理を使えば 2 次近似や，もっと一般の n 次近似が得られる．

本章のキーワード

高位の無限小，1 次近似，2 次近似，n 次導関数，C^n 級，平均値の定理，テイラーの定理，上に凸，下に凸

8.1　無限小と近似

✤ $x - a$ より高位の無限小

点 a の近くで定義された関数 $Q(x)$ が $x \to a$ のとき $Q(x) \to 0$ となるならば，$Q(x)$ は $x = a$ において**無限小**であるという．また

$$\frac{Q(x)}{x-a} \to 0 \quad (x \to a)$$

を満たすとき，$Q(x)$ は $x = a$ の近くで，$x - a$ より小さいという意味で，$x - a$ よりも**高位の無限小**といい，記号

$$Q(x) = o(x-a)$$

によって表す．o はスモールオーと読む．(☞ p.136「ことばとイメージ (8)」を参照.)

例 8.1

$$\frac{x^2}{x} = x \to 0 \quad (x \to 0)$$

が成り立つので $x^2 = o(x)$ である． ◇

例 8.2

$$\frac{(x-1)(x^2-1)}{x-1} = x^2 - 1 \to 0 \quad (x \to 1)$$

が成り立つので，$(x-1)(x^2-1) = o(x-1)$ である． ◇

✤ 1 次近似

関数 $f(x)$ が $x = a$ で微分可能であれば

$$\lim_{x \to a} \frac{f(x) - f(a)}{x - a} = f'(a)$$

であるから，

$$Q(x) = f(x) - f(a) - f'(a)(x - a)$$

とおけば

$$\lim_{x \to a} \frac{Q(x)}{x - a} = \lim_{x - a} \frac{f(x) - f(a)}{x - a} - f'(a) = 0$$

が成り立つ．これは $Q(x)$ が $x - a$ より高位の無限小であることを示している．したがって，$f(x) = f(a) + f'(a)(x - a) + Q(x)$ であるから，次の定理が成立する．

定理 8.1　関数 $f(x)$ が区間 (c, d) で微分可能であるとき，a, x をこの区間内の二つの点とすると

$$f(x) = f(a) + f'(a)(x-a) + o(x-a)$$

が成り立つ.

✤ $(x-a)^2$ より高位の無限小

点 a の近くで定義された関数 $Q(x)$ が

$$\frac{Q(x)}{(x-a)^2} \to 0 \quad (x \to a)$$

を満たすとき，$Q(x)$ は $x = a$ の近くで $(x-a)^2$ より**高位の無限小**といい，記号 $o((x-a)^2)$ で表す.

例 8.3

$$\frac{x^3}{x^2} = x \to 0 \quad (x \to 0)$$

であるから，$x^3 = o(x^2)$ である. ◇

例 8.4

$$\frac{(x-2)^3(x+4)}{(x-2)^2} = (x-2)(x+4) \to 0 \quad (x \to 2)$$

が成り立つから，$(x-2)^3(x+4) = o((x-2)^2)$ である. ◇

✤ C^1 級，C^2 級

関数 $y = f(x)$ は区間 (c, d) において微分可能で，その導関数がこの区間において連続であるとき，区間 (c, d) において **C^1 級**であるという．さらに導関数 $f'(x)$ が同じ区間で微分可能であり，2 次導関数 $f''(x)$ が連続のとき **C^2 級**であるという．数学の議論においては，定理の条件をできるだけ弱めることによって，適用の範囲を拡げるという特徴がある．本書では，説明が複雑にならないことを心がけて，定理の仮定はおおらかにする方針である．例えば，下に述べる定理 8.2 の仮定はもっと弱めることができるが，C^2 級と仮定する.

例 8.5 関数

$$f(x) = \begin{cases} x^2 \sin \dfrac{1}{x} & (x \neq 0) \\ 0 & (x = 0) \end{cases}$$

は $x \neq 0$ のとき

$$f'(x) = 2x \sin \frac{1}{x} - \cos \frac{1}{x}$$

であり，$x = 0$ においては

$$f'(0) = \lim_{x \to 0} \frac{f(x) - f(0)}{x} = \lim_{x \to 0} x \sin \frac{1}{x} = 0$$

であるから微分可能関数であるが，

$$\lim_{x \to 0} f'(x)$$

は $\cos(1/x)$ が振動して存在しないために ($x = 0$ において) 連続ではなく C^1 級の関数ではない． ◇

✤ 2 次近似

定理 8.2 関数 $f(x)$ が区間 (c, d) で C^2 級であるとき，a, x をこの区間の二つの点とすると

$$f(x) = f(a) + f'(a)(x - a) + \frac{1}{2} f''(a)(x - a)^2 + o((x - a)^2)$$

が成り立つ．

例 8.6：$\boldsymbol{f(x) = e^x}$ 関数 $f(x) = e^x$ について

$$f'(x) = e^x, \quad f''(x) = e^x$$

であるから

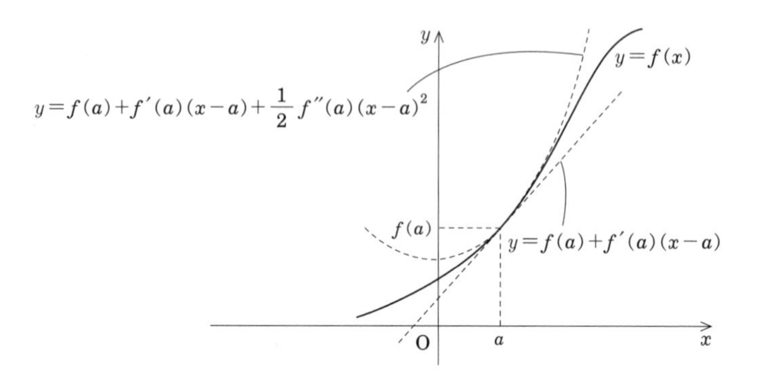

図 8.1　1 次近似と 2 次近似

$$f(0) = e^0 = 1, \quad f'(0) = e^0 = 1, \quad f''(0) = e^0 = 1$$

となる．定理 8.1 を $a = 0$ の場合に適用すれば

$$e^x = 1 + 1 \times x + o(x) = 1 + x + o(x)$$

である．定理 8.2 を $a = 0$ の場合に適用すると

$$e^x = 1 + 1 \times x + \frac{1}{2} \times x^2 + o(x^2) = 1 + x + \frac{x^2}{2} + o(x^2)$$

となる．　◇

例 8.7：$\boldsymbol{f(x) = \sin x}$　関数 $f(x) = \sin x$ について $f'(x) = \cos x$ であるから，

$$f(0) = \sin 0 = 0, \quad f'(0) = \cos 0 = 1$$

となる．したがって，定理 8.1 を $a = 0$ の場合に適用すれば

$$\sin x = 0 + 1 \times x + o(x) = x + o(x)$$

となる．　◇

例 8.8：$\boldsymbol{f(x) = \cos x}$　関数 $f(x) = \cos x$ について

$$f'(x) = -\sin x, \quad f''(x) = -\cos x$$

であるから

$$f(0) = \cos 0 = 1, \quad f'(0) = -\sin 0 = 0, \quad f''(0) = -\cos 0 = -1$$

となる．定理 8.2 を $a = 0$ の場合に適用すれば

$$\cos x = 1 + 0 \times x - \frac{1}{2}x^2 + o(x^2) = 1 - \frac{1}{2}x^2 + o(x^2)$$

となる． ◇

✤ 1 次近似式，2 次近似式

以上によって得た

$$\begin{aligned} e^x &= 1 + x + o(x) \\ e^x &= 1 + x + \frac{x^2}{2} + o(x^2) \\ \sin x &= x + o(x) \\ \cos x &= 1 - \frac{x^2}{2} + o(x^2) \end{aligned}$$

はいずれも関数の近似式である．つまり，定理 8.1 は関数の1次関数による近似式，定理8.2 は関数の 2 次関数による近似式を得る公式になっている．

例えば，ここに得た近似式 $\sin x = x + o(x)$ は x が十分小さいとき $\sin x$ はほぼ x と考えてよいということあって，$\sin x = x$ が成り立つわけではない．$\sin 10$ を 10 で近似するなどと考えることはないであろう．近似と言うときは真の値 ($\sin x$) と近似値 x の違い (誤差) が重要である．この近似式の根拠となる後述の定理 8.4 によれば

$$|\sin x - x| = \frac{|\sin(\theta x)|}{2}|x^2| \leqq \frac{\theta|x|^3}{2} \leqq \frac{|x|^3}{2}$$

(ただし，$0 < \theta < 1$) である．したがって，$x = 0.1$ であれば，誤差は 0.0005 より小さい．

8.2　平均値の定理

✤ 平均値の定理

定理 8.2 のもとになるのはそれぞれ次の定理 8.3 と定理 8.4 である．

定理 8.3：平均値の定理　関数 $f(x)$ が区間 $(c,\, d)$ で C^1 級であるとき，$a,\, x$ をこの区間内の 2 点とすると

$$f(x) = f(a) + f'(a + \theta(x-a))(x-a)$$

を満たす $\theta\ (0 < \theta < 1)$ が存在する．

定理 8.4：2 次の項までのテイラーの定理　関数 $f(x)$ が区間 $(c,\, d)$ で C^2 級であるとき，$a,\, x$ をこの区間内の 2 点とすると

$$f(x) = f(a) + f'(a)(x-a) + \frac{1}{2}f''(a + \theta(x-a))(x-a)^2$$

を満たす $\theta\ (0 < \theta < 1)$ が存在する．

✤ $\boldsymbol{a + \theta(x-a)\ (0 < \theta < 1)}$

定理 8.3 と定理 8.4 に現れる $a + \theta(x-a)\ (0 < \theta < 1)$ は a と x との間にある点を表す．なぜなら，$a < x$ のときは $0 < \theta(x-a) < x-a$ より $a < a + \theta(x-a) < x$ となり，$x < a$ のときは $x - a < \theta(x-a) < 0$ より $x < a + \theta(x-a) < a$ となるからである．

逆に a と x の間の点を ξ (ギリシャ文字でクシー) とするとき，$\theta = \dfrac{\xi - a}{x - a}$ とおくと，$0 < \theta < 1$ および $\xi = a + \theta(x-a)$ が成り立つ．すなわち，平均値の定理は関数 $f(x)$ の a から x までの平均変化率は，a と x の間にある点における微分係数の値に等しいということを意味している．言い換えれば，

a と x の間の ξ で，$(\xi, f(\xi))$ における $y = f(x)$ の接線が，2 点 $(a, f(x))$ と $(x, f(x))$ とを結ぶ線分に平行になるものが必ず存在するということである．

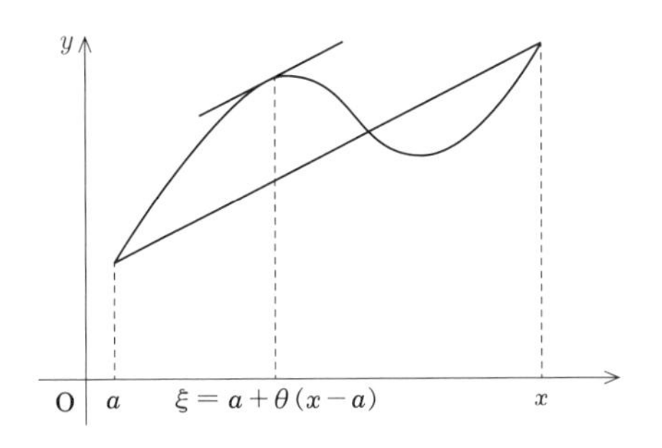

図 8.2　$\dfrac{f(x) - f(a)}{x - a} = f'(a + \theta(x - a))$

✤ 定理 8.2 の証明

定理 8.4 より定理 8.2 を導くには

$$Q(x) = (f''(a + \theta(x - a)) - f''(a))(x - a)^2$$

とおけば，$Q(x) = o((x - a)^2)$ となり，定理 8.2 を導くことができる．

✤ 定理 8.3 の証明

ここで，定理 8.3 の証明をする．a と x を固定して ($a \neq x$ と考えてよい)，

$$g(t) = f(a + t(x - a)) + K(1 - t)(x - a) \qquad (0 \leqq t \leqq 1)$$

とおく．ただし，定数 K は $g(1) = g(0)$ を満たすように定める．合成関数の導関数を求める公式を用いることによって，関数 $g(t)$ の導関数は

$$\begin{aligned} g'(t) &= f'(a + t(x - a))(x - a) - K(x - a) \\ &= (f'(a + t(x - a)) - K)(x - a) \end{aligned}$$

となる．関数 $g(t)$ $(0 \leqq t \leqq 1)$ は $g(1) = g(0)$ を満たす連続関数であるから，最大値または最小値をとる点 $t = \theta$ $(0 < \theta < 1)$ が存在する．その点 θ におい

て $g'(\theta)=0$ となる (§7.3) から，$K=f'(a+\theta(x-a))$ となる．$g(1)=g(0)$ と仮定したから

$$f(x)=f(a)+K(x-a)=f(a)+f'(a+\theta(x-a))(x-a)$$

となり，定理 8.3 が証明できた.

なお，以上の証明において，用いた条件は，$g(t)$ が $[0, 1]$ で連続であること，および区間 (a,x) のすべての点で導関数の値が定まることである.

✤ 定理 8.4 の証明

次に，定理 8.4 を証明する．a と x を固定して ($a\neq x$ と考えてよい),

$$\begin{aligned}g(t)&=f(a+t(x-a))\\&\qquad+f'(a+t(x-a))(1-t)(x-a)+K(1-t)^2(x-a)^2\end{aligned}$$

とおく．ここで，定数 K は $g(1)=g(0)$ を満たすようにとる．このとき,

$$\begin{aligned}g'(t)&=f'(a+t(x-a))(x-a)+f''(a+t(x-a))(1-t)(x-a)^2\\&\quad-f'(a+t(x-a))(x-a)-2K(1-t)(x-a)^2\\&=(f''(a+t(x-a))-2K)(1-t)(x-a)^2\end{aligned}$$

となって，定理 8.2 のときと同様の理由により，$g'(\theta)=0$ を満たす θ ($0<\theta<1$) が存在する．ゆえに

$$K=\frac{1}{2}f''(a+\theta(x-a))$$

となる．$g(1)=g(0)$ より

$$\begin{aligned}f(x)&=f(a)+f'(a)(x-a)+K(x-a)^2\\&=f(a)+f'(a)(x-a)+\frac{1}{2}f''(a+\theta(x-a))(x-a)^2\end{aligned}$$

となり，定理 8.4 が証明された.

8.3 関数の接線と増減

定理 8.1 で関数 $f(x)$ が，$x = a$ において 1 次関数 $f(a) + f'(a)(x - a)$ で近似できることは，$y = f(x)$ の $(a, f(a))$ における接線の方程式がこの 1 次関数で表されることを示している.

> **定理 8.5** 微分可能な関数 $f(x)$ のグラフ上の点 $(a, f(a))$ における接線の式は
>
> $$y = f'(a)(x - a) + f(a)$$
>
> である.

導関数 $f'(x)$ の $x = a$ における値 $f'(a)$ は，§5.3 で述べたように，$(a, f(a))$ における接線の傾きになる．したがって，$f'(a) > 0$ のとき，関数 $f(x)$ は $x = a$ で増加していることを，$f'(a) < 0$ のとき，関数 $f(x)$ は $x = a$ で減少していることを意味する.

ただし，$x = a$ で増加していても $f'(a) > 0$ とは限らない．実際，$f(x) = x^3$ は $f'(x) = 3x^2$ で $f'(0) = 0$ であるが，$x_1 < 0 < x_2$ であれば，$f(x_1) < f(0) = 0 < f(x_2)$ となって $x = 0$ で増加している.

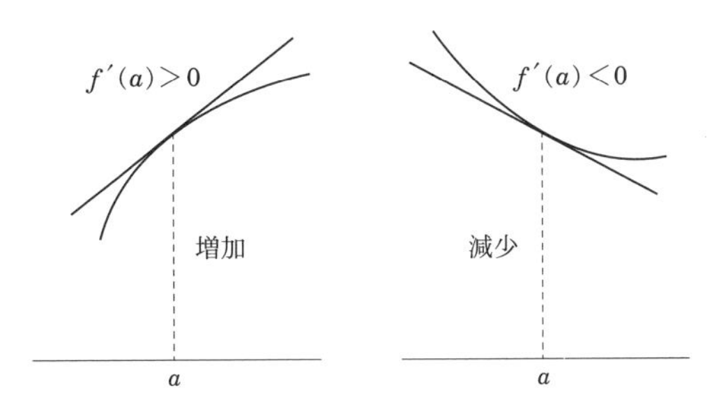

図 8.3 関数の増加，減少

平均値の定理により区間 (c, d) の x_1, x_2 $(c \leqq x_1 < x_2 \leqq d)$ に対して，

$$f(x_2) - f(x_1) = f'(x_3)(x_2 - x_1)$$

となる $x_2 \in (x_1, x_2)$ が存在するから，$f'(x_3)$ の符号により $f(x_1)$ と $f(x_2)$ の大小が決まる．こうして次の定理が得られる．

定理 8.6　一つの区間において微分可能な関数 $f(x)$ の導関数 $f'(x)$ の符号が常に正であれば，$f(x)$ はこの区間で狭義単調増加であり，常に負であればこの区間で狭義単調減少である．

8.4　関数の凹凸

2 次関数 $y = ax^2 + bx + c$ は x^2 の係数 a が正であれば，グラフは下に凸の (上に開いた) 放物線であり，a が負であれば，上に凸 (下に開いた) 放物線である．したがって，定理 8.2 で関数 $f(x)$ が，$x = a$ で 2 次関数 $f(a) + f'(a)(x-a) + \dfrac{f''(a)}{2}(x-a)^2$ で近似できることは，関数 $f(x)$ のグラフの点 $(a, f(a))$ における曲がり方が $f''(a)$ の値で決まることを意味している．すなわち，$f''(a) > 0$ ならば，関数 $y = f(x)$ のグラフは**下に凸**であり，$f''(a) < 0$ ならば関数 $y = f(x)$ のグラフは**上に凸**だということである (図 8.4)．関数の凹凸については課外授業 8.1 も参照されたい．

$y = f(x)$ のグラフが $x = a$ の前後で凹凸の状態が逆になるとき，$(a, f(a))$ をこのグラフの**変曲点**という．

8.5　極値の判定

開区間で定義された C^1 級の関数 $f(x)$ が極大値や極小値をとる点では，導関数 $f'(x)$ の値が 0 になる (定理 7.4) から，方程式 $f'(x) = 0$ の解となる点が極大値や極小値をとる点の候補となる．

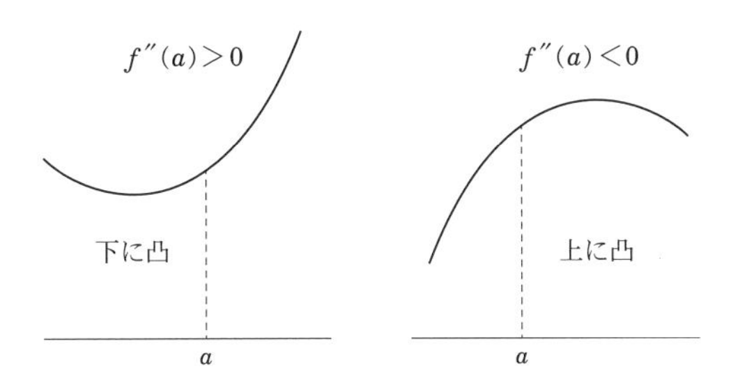

図 8.4 上に凸，下に凸

また，点 a が $f'(a)=0$ を満たすとき，$f''(a)>0$ ならば関数 $f(x)$ のグラフは，$x=a$ で下に凸になるので，関数 $f(x)$ は $x=a$ で極小値をとることになる．また $f''(a)<0$ ならば関数 $f(x)$ のグラフは $x=a$ で上に凸になり，関数 $f(x)$ は $x=a$ で極大値をとることになる．このようにして，$f'(x)=0$ の解となる点を極大値または極小値をとる点の候補として絞込み，次にそのような点における 2 次導関数 $f''(x)$ の符号を調べることによって，極大値をとるか，極小値をとるかを判定できる．

例 8.9 関数 $f(x)=e^{-(x-1)^2}$ について，

$$\begin{aligned} f'(x) &= e^{-(x-1)^2}\times(-2)(x-1) \\ f''(x) &= e^{-(x-1)^2}\times(-2)^2(x-1)^2+e^{-(x-1)^2}\times(-2) \\ &= 2e^{-(x-1)^2}(2(x-1)^2-1) \end{aligned}$$

であるから，$f'(x)=0$ を満たすのは $x=1$ である．したがって，$x=1$ のみが極大値または極小値をとる点の候補となる．次に，

$$f''(1)=-2e^{-0}=-2<0$$

であるから，この関数は $x=1$ で極大値 1 をとる．$x\neq 1$ ならば，$e^{-(x-1)^2}<1$ であるから，この関数は $x=1$ で最大値 1 をとる (次ページ図 8.5)． ◇

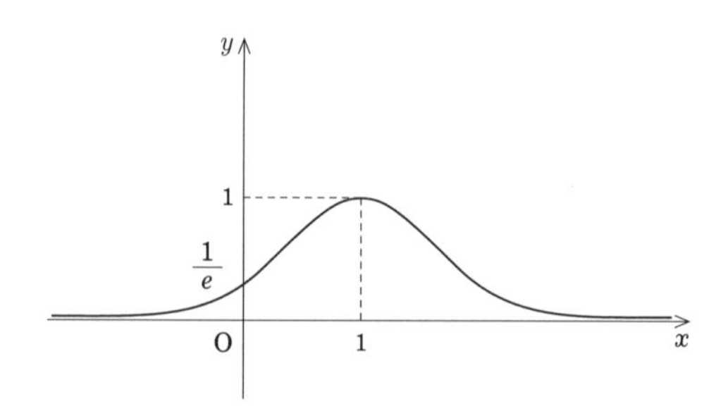

図 **8.5**　$y = e^{-(x-1)^2}$ のグラフ

8.6　テイラーの定理

関数を n 回微分して得られる関数を $f(x)$ の **n 次導関数**または **n 階導関数**といい，記号 $f^{(n)}(x)$ で表す．

開区間 (c, d) で連続な n 次導関数が存在するような関数は，区間 (c, d) で C^n 級であるという．定理 8.3，定理 8.4 を一般化したのが次の**テイラーの定理**である．

定理 8.7　関数 $f(x)$ が開区間 (c, d) で C^n 級であるとき，a, x を区間 (c, d) 内の点とすれば，

$$f(x) = f(a) + \frac{f'(a)}{1!}(x-a) + \frac{f''(a)}{2!}(x-a)^2 + \cdots + \frac{f^{(n-1)}(a)}{(n-1)!}(x-a)^{n-1} + \frac{f^{(n)}(a+\theta(x-a))}{n!}(x-a)^n$$

を満たす $\theta\ (0 < \theta < 1)$ が存在する．

例 8.10　関数 $f(x) = e^x$ について

$$f'(x) = f''(x) = \cdots = f^{(n-1)}(x) = f^{(n)}(x) = e^x$$

であるから

$$f(0) = f'(0) = f''(0) = \cdots = f^{(n-1)}(0) = 1$$

となり，定理 8.7 を適用すれば

$$e^x = 1 + \frac{x}{1!} + \frac{x^2}{2!} + \cdots + \frac{x^{n-1}}{(n-1)!} + \frac{e^{\theta x}}{n!}x^n \tag{8.1}$$

を満たす θ $(0 < \theta < 1)$ が存在する． ◇

❖ 課外授業 8.1 凸関数

ある区間 I で定義された関数 $f(x)$ が I で**凸関数**あるいは**下に凸**というのは，I の任意の 3 点 $x_1 < x_2 < x_3$ に対して

$$\frac{f(x_2)-f(x_1)}{x_2-x_1} \leqq \frac{f(x_3)-f(x_2)}{x_3-x_2} \tag{8.2}$$

が成り立つことをいう．この不等式の不等号が $\leqq$ の代わりに $<$ で成り立つとき，**狭義凸関数**であるという．3 点 $\mathrm{P}_i=(x_i,\, f(x_i)),\ i=1,2,3$ が $x_1<x_2<x_3$ であれば，直線 $\mathrm{P}_1\mathrm{P}_2$ の傾きより直線 $\mathrm{P}_2\mathrm{P}_3$ の傾きが大きくなるのが (下に) 凸ということであるが，これは 2 点 $\mathrm{P}_1\mathrm{P}_3$ を結ぶ線分より，この間のグラフの曲線が下にあることと同値になる．後者は正確には次の命題である．

任意の $x_1, x_3 \in I$ $(x_1 < x_3)$ に対して，$0<t<1$ であれば，

$$f((1-t)x_1+tx_3) \leqq (1-t)f(x_1)+tf(x_3)$$

が成り立つ．

また，$f(x)$ が微分可能であれば，凸であることは接線が曲線より下にあることと言い換えることもできる．すなわち，

任意の $a,\, x \in I$ に対して

$$f(x) \geqq f'(a)(x-a)+f(a)$$

が成り立つ．

さらに，(8.2) より次のことが分かる．

微分可能な凸関数 $f(x)$ に対して，$x_1 < x_2$ ならば $f'(x_1) \leqq f'(x_2)$ が成り立つ．

すなわち，$f'(x)$ は単調増加である．したがって，2 回微分可能であれば $f''(x) \geqq 0$ であるが，逆も成立し次のことが分かる．

区間 I において 2 回微分可能な関数 $f(x)$ が I において $f''(x) \geqq 0$ であることは $f(x)$ が下に凸であるための一つの必要十分条件である．また，常に $f''(x) > 0$ であれば狭義の凸である．

ことばとイメージ (7)

速度，加速度

直線運動する物体の時刻 t における基準点からの距離を x とすると，x は t の関数 $x = x(t)$ と考えることができます．このとき，導関数の t における値 $x'(t)$ は時刻 t における速度と考えられます．なぜなら，時刻 t から微小時間 Δt 後の時刻 $t + \Delta t$ における位置は $x(t + \Delta t)$ であり，位置の差を時間 Δt で割った値

$$\frac{x(t + \Delta t) - x(t)}{\Delta t}$$

は，時刻 t から時刻 $t + \Delta t$ までの平均速度です．この平均速度の時間 Δt を限りなく 0 に近づけたときの極限値 $x'(t)$ は，時刻 t における**速度** (瞬間速度) と考えられます．さらに，導関数 $x'(t)$ を微分することにより得られる第 2 次導関数 $x''(t)$ は，速度の変化率で**加速度**です．加速度は物体に力をかけることによって得られ，物体の速度を変化させる元になります．このことを考察したニュートンは，力 F は質量 m と加速度 $x''(t)$ を掛けたものであることを発見しました：

$$F = mx''(t)$$

(ニュートンの運動の第 2 法則)．$F = (mx'(t))'$ であるが，質量と速度の積 $p(t) = mx'(t)$ は**運動量**と呼ばれます．運動量の時間に関する変化率が力 ($F = p'(t)$) です．

自動車には距離計，速度計が取り付けられていますが，車種によっては加速度計のあるものもあります．アクセルを踏めば，エンジンが速く回転して，加速度計がプラスの値をとり，速度計も上がります．ブレーキを踏めば，摩擦により車輪の回転を抑え減速します．加速度は英語で acceleration です．自動車のアクセルは加速のみで，減速はブレーキで負のアクセル (acceleration) です．

ことばとイメージ(8)

無限小

「無限小」という概念はわかりにくいのですが，微分積分学全体に横たわる重要な概念で，古来より数学者や哲学者たちが考察し議論してきたものです．ギリシャ時代のソフィーストたちによる「止まっている矢」や「アキレスと亀」などの議論も無限小に関わるものです．17 世紀になって，ゴットフリート・ライプニッツ (1646–1716 ドイツの数学者，哲学者) は無限小運動の哲学的考察から無限小変位 Δx を実体的な対象として扱い微分積分学を作りました．無限小を数として扱うことについては種々の議論がありましたが，1960 年代にアブラハム・ロビンソン (1918–1974，アメリカの数学者) が無限小，無限大を含む数の体系を作り，超準解析 (ノンスタンダード・アナリシス) として発表しました．しかし，本書ではスタンダードな伝統的な説明で済ませます．すなわち，「無限小」をものではなく性質としてとらえます．

$x = a$ の近くで定義された関数 $u(x)$ は，$u(x) \to 0\,(x \to a)$ であるとき a において**無限小**であるといいます．例えば，x も x^2 も 0 において無限小ですが，それらの 0 への近づき方，速さに違いがあります．$x = 0.1$ であれば $x^2 = 0.01$ であり，$x = 0.01$ であれば $x^2 = 0.0001$ であるというように x^2 のほうが速く 0 に近づきます．これを $x^2 = o(x)$ と表現します．a において無限小である二つの関数 $u(x)$ と $v(x)$ について，$\dfrac{u(x)}{v(x)}$ が a において無限小であるときが，$u(x)$ は $v(x)$ より高位の無限小，$u(x) = o(v(x))$，ということですが，$x \to a$ のとき $\dfrac{u(x)}{v(x)}$ が 0 以外の数に収束するとき，$u(x)$ は $v(x)$ と**同位**の無限小といい $u(x) = O(v(x))$ と表します．O はラージ・オーと読みます．ただし，本によっては $\dfrac{u(x)}{v(x)}$ が $x = a$ の近傍で有界であるとき $u(x) = O(v(x))$ と表して，$u(x)$ は $v(x)$ によって「押さえられると」いう定義を採用しています．後者の立場では $u(x) = O(v(x))$ は高位と同位を合わせたものになっています．$u(x)$ が a において $(x-a)^k$ と同位の無限小であれば，$u(x)$ は a において k 位の無限小であるといいます．

O，o はドイツの数学者エドムント・ランダウ (1877–1938) によるもので，**ランダウの記号**と呼ばれる．

演習問題 8

A. 確認問題

次のそれぞれの記述の正誤を判定せよ.

1. 関数 $f(x) = \sqrt{1+x}$ について

$$f'(x) = ((1+x)^{\frac{1}{2}})' = \frac{1}{2}(1+x)^{-\frac{1}{2}}, \quad f(0) = 1, \quad f'(0) = 1$$

だから

$$\sqrt{1+x} = 1 + x + o(x).$$

2. 関数 $f(x) = \dfrac{1}{1+x}$ について

$$f'(x) = -\frac{1}{(1+x)^2}$$

だから

$$\frac{1}{1+x} = 1 - x + o(x).$$

3. 関数 $f(x) = \sin x$ について,

$$f'(x) = \cos x, \quad f''(x) = -\sin x, \quad f(0) = 0, \quad f'(0) = 1, \quad f''(0) = 0$$

だから

$$\sin x = x + o(x^2).$$

4. 関数 $f(x) = \cos x$ について, $f'(x) = -\sin x$ だから

$$\cos x = 1 - \sin(\theta x)$$

を満たす θ $(0 < \theta < 1)$ が存在する.

5. 関数 $f(x) = x^3 - 2x$ について

$$f'(x) = 3x^2 - 2, \quad f(1) = -1, \quad f'(1) = 1$$

だから $y = x^3 - 2x$ の $(1, f(1))$ における接線の方程式は $y = -1 + x$ である.

6. 関数 $f(x) = \log x$ について

$$f'(x) = \frac{1}{x}, \quad f''(x) = -\frac{1}{x^2}, \quad f'(1) = 1, \quad f''(1) = -1$$

だから，$y = \log x$ のグラフは $x = 1$ において，下に凸である.

7.　関数 $f(x) = x^3 + x^2$ について

$$f'(x) = 3x^2 + 2x, \quad f''(x) = 6x + 2, \quad f(0) = 0, \quad f'(0) = 0, \quad f''(0) = 2$$

だからこの関数は $x = 0$ において極大値 0 をとる.

B. 演習問題

1. 関数 $f(x) = x^2(x+1)$ の極値を求めよ.

2. 関数 $f(x) = x^2 e^{-x}$ の極値を求めよ.

第9章 不定積分

関数が与えられると，それを微分して導関数を求める．ここでは，微分の逆演算である不定積分を説明する．これは接線の傾きから関数のグラフを求めるもので，増加減少の状態から，事物の状態を表す関数を求めることに通じる．

本章のキーワード

原始関数，不定積分，部分積分，置換積分

9.1 原始関数

与えられた関数 $f(x)$ に対して $F'(x) = f(x)$ を満たす関数 $F(x)$ を，$f(x)$ の**原始関数**という．$F(x)$ が $f(x)$ の原始関数であれば，$F(x)$ に定数 C を加えた $G(x) = F(x) + C$ も $G'(x) = (F(x) + C)' = F'(x) = f(x)$ となるので $f(x)$ の原始関数である．逆に次の定理が成り立つ．

定理 9.1 二つの関数 $F(x)$ と $G(x)$ がともに $f(x)$ の原始関数とすれば，$G(x) = F(x) + C$ を満たす定数 C が存在する．

証明 $H(x) = G(x) - F(x)$ とおくと

$$H'(x) = G'(x) - F'(x) = f(x) - f(x) = 0$$

が成り立つ．a を固定して，平均値の定理を用いれば

$$H(x) = H(a) + H'(a + \theta(x-a))(x-a)$$

をみたす θ $(0 < \theta < 1)$ が存在する．$H'(a+\theta(x-a)) = 0$ であるから $H(x) = H(a)$ となる．ここで $H(a) = C$ とおけば $G(x) - F(x) = C$ であるから

$$G(x) = F(x) + C$$

となる．□

9.2　不定積分

与えられた関数 $f(x)$ に対して，$f(x)$ の原始関数の全体を $f(x)$ の**不定積分**といい，記号

$$\int f(x)dx$$

によって表す．$f(x)$ の原始関数の一つを $F(x)$ とすると，定理 9.1 によって不定積分は

$$\int f(x)dx = \{F(x) + C \mid C \text{ は定数}\}$$

と集合になる．

例えば，関数 x^2 に対して $\left(\dfrac{x^3}{3}\right)' = x^2$ であるから，関数 $\dfrac{x^3}{3}$ は関数 x^2 の原始関数であり，関数 x^2 の原始関数の全体は

$$\left\{\frac{x^3}{3} + C \,\middle|\, C \text{ は定数}\right\}$$

であるが，通常は

$$\int x^2 dx = \frac{x^3}{3} + C$$

と表して関数として扱う．C を**積分定数**という．定数 C だけの不定性がある

ので,

$$\int f(x)dx$$

を $f(x)$ の**不定積分**という．したがって不定積分を含んだ等式は定数の和を無視すれば等しいということになるので注意が必要である．

$\dfrac{1}{f(x)}$ の不定積分を

$$\int \frac{dx}{f(x)}$$

と書くこともある．

9.3 不定積分の公式 (その 1)

✤ 不定積分

不定積分を求めることは微分することの逆演算を行うことであるから，導関数の公式を思い浮かべることによって，すなわち，それぞれの右辺の関数の導関数が，左辺の積分記号の中の関数 (**被積分関数**という) に一致することから，次の公式が成り立つことが分かる．

(1) $$\int x^a dx = \frac{x^{a+1}}{a+1} + C \qquad (a \neq -1)$$

(2) $$\int \frac{dx}{x-a} = \log|x-a| + C$$

この公式 (2) については但し書きが必要である．$\dfrac{1}{x-a}$ の定義域は $(-\infty, a)$ と (a, ∞) の二つの区間に分離している．$\log|x-a|$ にそれぞれの区間において任意定数を加えたものも原始関数になる．このように被積分関数の定義区間が分離している場合 (以下の公式 (6) など) は，各区間ごとに別の定数を書くべきところを象徴的に一つの定数 C で表している．特に微分方程式を解く場合には注意する必要がある．

(3) $\displaystyle\int e^{ax}dx = \frac{1}{a}e^{ax} + C \qquad (a \neq 0)$

(4) $\displaystyle\int \sin ax dx = -\frac{1}{a}\cos ax + C \qquad (a \neq 0)$

(5) $\displaystyle\int \cos ax dx = \frac{1}{a}\sin ax + C \qquad (a \neq 0)$

(6) $\displaystyle\int \frac{dx}{\cos^2 ax} = \frac{1}{a}\tan ax + C \qquad (a \neq 0)$

(7) $\displaystyle\int \frac{dx}{\sqrt{a^2 - x^2}} = \sin^{-1}\frac{x}{a} + C \qquad (a > 0)$

(8) $\displaystyle\int \frac{dx}{a^2 + x^2} = \frac{1}{a}\tan^{-1}\frac{x}{a} + C \qquad (a \neq 0)$

✤ $f'(x)f(x)$ の不定積分

公式

(9) $\displaystyle\int f(x)f'(x)dx = \frac{1}{2}\{f(x)\}^2 + C$

が成り立つことは，右辺の関数を微分してみれば分かる．(9) を用いれば

$$\int \sin x \cos x dx = \int \sin x(\sin x)'dx = \frac{1}{2}\sin^2 x + C$$

が得られる．

✤ $\dfrac{f'(x)}{f(x)}$ の不定積分

公式

(10) $\displaystyle\int \frac{f'(x)}{f(x)}dx = \log|f(x)| + C$

が成り立つことは，右辺の関数を微分してみれば分かる．公式 (10) を用いれば

$$\int \frac{\cos x}{\sin x}dx = \int \frac{(\sin x)'}{\sin x}dx = \log|\sin x| + C$$

が得られる．

✤ 不定積分の線形性

不定積分に対しても

(11) $$\int \{f(x)+g(x)\}dx = \int f(x)dx + \int g(x)dx,$$

(12) $$\int cf(x)dx = c\int f(x)dx$$

が成り立つ．

9.4 不定積分の部分積分

不定積分を計算するうえで有効な公式の一つは，次の**部分積分**の公式である．

定理 9.2：部分積分

$$\int f'(x)g(x)dx = f(x)g(x) - \int f(x)g'(x)dx \tag{9.1}$$

証明 この公式は，関数の積についての微分公式

$$\{f(x)g(x)\}' = f'(x)g(x) + f(x)g'(x)$$

の両辺の不定積分を考えると

$$f(x)g(x) = \int f'(x)g(x)dx + \int f(x)g'(x)dx$$

が成り立ち，これより部分積分の公式が導かれる． □

例 9.1

$$\int xe^x dx = \int (e^x)' x dx = e^x x - \int e^x (x)' dx$$
$$= xe^x - \int e^x dx = xe^x - e^x = e^x(x-1) + C. \qquad \diamond$$

例 9.2

$$\begin{aligned}\int x^2 \sin x dx &= \int (-\cos x)' x^2 dx \\ &= -\cos x \times x^2 - \int (-\cos x) \times 2x dx \\ &= -x^2 \cos x + \int (\sin x)' \times 2x dx \\ &= -x^2 \cos x + \sin x \times 2x - \int \sin x \times 2 dx \\ &= -x^2 \cos x + 2x \sin x + 2\cos x + C \\ &= (2 - x^2)\cos x + 2x \sin x + C. \qquad \diamond\end{aligned}$$

例 9.3

$$\int \log x dx = \int (x)' \log x dx = x \log x - \int x (\log x)' dx$$
$$= x \log x - \int 1 dx = x \log x - x + C = x(\log x - 1) + C. \qquad \diamond$$

9.5　不定積分の置換積分

不定積分を計算するうえで有効な公式のもう一つは，次の**置換積分**の公式である．

定理 9.3：置換積分　微分可能な関数 $g(t)$ によって，$x = g(t)$ と表されるならば，

$$\int f(x) dx = \int f(g(t)) g'(t) dt \tag{9.2}$$

が成り立つ.

証明 この公式は

$$F(x) = \int f(x)dx$$

とおくと，合成関数の微分の公式より

$$(F(g(t))' = F'(g(t))g'(t) = f(g(t))g'(t)$$

であるから

$$\int f(g(t))g'(t)dt = F(g(t)) = F(x) = \int f(x)dx$$

となる. □

(9.2) の左辺で $x = g(t)$ とおいて計算するが，$\dfrac{dx}{dt} = g'(t)$ であるから，形式的には，$f(x) = f(g(t))$，$dx = g'(t)dt$ と置き換えることによって右辺が得られる.

例 9.4

$$\int (1+x)\sqrt{1-x}dx$$

を求めよう. $t = \sqrt{1-x}$ とおけば $x = 1-t^2$，$\dfrac{dx}{dt} = -2t$ であるから

$$\begin{aligned}\int (1+x)\sqrt{1-x}dx &= \int (2-t^2)t(-2t)dt = 2\int (t^4-2t^2)dt \\ &= 2\left(\frac{t^5}{5} - \frac{2t^3}{3}\right) + C = \frac{2}{15}t^3(3t^2-10) + C \\ &= \frac{2}{15}(1-x)^{\frac{3}{2}}(-7-3x) + C \\ &= \frac{2}{15}(3x^2+4x-7)\sqrt{1-x} + C\end{aligned}$$

となる. ◇

9.6 不定積分の公式 (その2)

さらに複雑な不定積分の公式としては次のようなものがある．

(15) $$\int \frac{dx}{x^2 - a^2} = \frac{1}{2a} \log \left| \frac{x-a}{x+a} \right| + C \qquad (a \neq 0)$$

(16) $$\int \sqrt{a^2 - x^2} dx = \frac{1}{2} \left(x\sqrt{a^2 - x^2} + a^2 \sin^{-1} \frac{x}{a} \right) + C \qquad (a > 0)$$

(17) $$\int \frac{dx}{\sqrt{x^2 + A}} = \log |x + \sqrt{x^2 + A}| + C \qquad (A \neq 0)$$

(18) $$\int \sqrt{x^2 + A} dx = \frac{1}{2}(x\sqrt{x^2 + A} + A \log |x + \sqrt{x^2 + A}|) + C \qquad (A \neq 0)$$

不定積分を求めるには，部分積分の公式，置換積分の公式を含めた，これらの公式を利用すればよいが，問題を解くことによって計算能力が身につくので，問題集，演習書等多くの問題に接するのがよい．

9.7 落下するボール

地表から高さ 100 メートルの場所でボールを手から離せば何秒後に地表に到達するだろうか．地表を 0 とし，時刻 t におけるボールの高さを $x = x(t)$ とする．ボールの質量を m とすれば，ボールには下向きの力 (重力)$-mg$ (メートル/秒^2) がかかる．すると，

$$mx'' = -9.8m$$

となる[1)]．$y = y(t)$ を時刻 t における地表からの高さとすれば，

$$my'' = -9.8m$$

[1)] ニュートンの**万有引力の法則** (逆 2 乗の法則) によれば，距離が r だけ離れた二つ質点の質量が m_1, m_2 とするとき，この 2 質点の間には引力 F が働き，その大きさは

$$F = \frac{Gm_1m_2}{r^2}$$

という関係になる．m で割ってから不定積分を考えると

$$y' = -9.8t + C$$

となる．ボールを手から離すだけなので，$t = 0$ での速度は $y' = 0$ であるから，$C = 0$ となり，

$$y' = -9.8t$$

である．さらに不定積分を考えると

$$y = -\frac{1}{2} \times 9.8t^2 + C'$$

となるが，$t = 0$ での位置は $y = 100$ であるから $C' = 100$ であって

$$x = -4.9t^2 + 100$$

となる．これより，$y = 0$ となるのは

$$\begin{aligned} -4.9t^2 + 100 &= 0 \\ t^2 &= \frac{100}{4.9} \end{aligned}$$

である．$t > 0$ であることから

$$t = \sqrt{\frac{100}{4.9}} = 4.27$$

となり，100 メートルの高さからのボールは 4.3 秒後に地表に到達する．ただし，今の場合は，空気の抵抗や浮力は無視している．

である．ただし，G は万有引力定数と呼ばれる定数で，$6.67408\,(\pm 0.00031) \times 10^{-11}$ (メートル^3/キログラム・秒^2) である．万有引力定数は測定によって求められるが，精度はあまりよくなく，近年でも確定的なものはなく，測定者ごと，発表時ごとに異なった値が発表されている．ここの値は国際学術会議 (CODATA) が 2014 年に発表した推奨値である．地球の質量を M とし半径が r_0 の球形であるとする．質量が m の質点の地球の半径 r_0 に比べて大きくない変位を考えるとき，大きさ $\dfrac{GMm}{r_0^2}$ の力で下に引っ張られる．$\mathrm{g} = \dfrac{GM}{r_0^2} = 9.8$ (メートル/秒^2) を**重力加速度**という．厳密には g は地球上の場所，高度によって異なるが，ここでは考えている範囲で一定で $\mathrm{g} = 9.8$ (メートル/秒^2) とした．

仮に空気抵抗のように速度に比例する抵抗 cy' $(c>0)$ が働いているとすると，$y'<0$ であることに注意すれば

$$my'' = -cy' - 9.8m$$

となるので，$k=c/m$ とおくと $y''+ky'=-9.8$ となる．両辺に e^{kt} を掛けると左辺は $\{y'e^{kt}\}'=(y''+ky')e^{kt}$ であることより

$$y'e^{kt} = -9.8\int e^{kt}dt = -\frac{9.8}{k}e^{kt} + C$$

となって

$$y' = \frac{9.8}{k} + Ce^{-kt}$$

$y'(0)=0$ より $C=-9.8/m$ であるから

$$y' = \frac{9.8}{m}(1-e^{-kt})$$

となる．有限の t で地上に達するが，最初の高さが十分高いとすると，速度 y' は一定値 $\dfrac{9.8}{m}$ に近づいていく．この値は**最終速度**と呼ばれるものである．雨粒や高空からのパラシュートはほぼ一定速度で地上に達する．

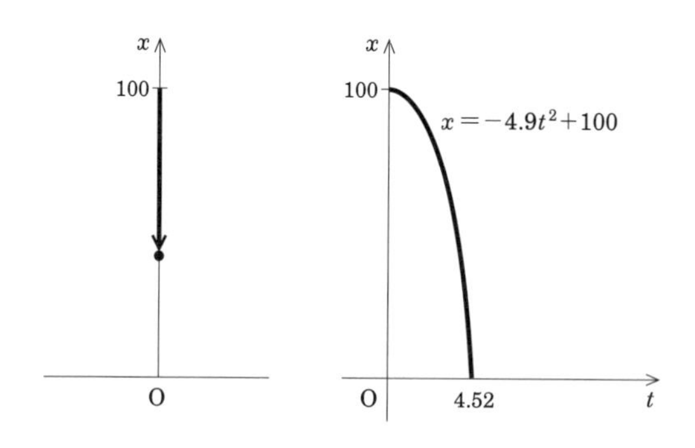

図 9.1　落下するボールとその軌跡

9.8　投げられたボール

地上 1 メートルの地点から，45° の角度で，秒速 10 メートルでボールを投げ上げ，t 秒後の位置を $(x(t), y(t))$ とする．すると

$$\begin{cases} x'' = 0 \\ y'' = -9.8 \end{cases}$$

であるから，不定積分を考えると，C, C' を定数として

$$\begin{cases} x' = C \\ y' = -9.8t + C' \end{cases}$$

となる．初速度の x 成分 $x'(0)$ と y 成分 $y'(0)$ はともに $\dfrac{10}{\sqrt{2}}$ であるから

$$\begin{cases} x' = \dfrac{10}{\sqrt{2}} \\ y' = -9.8t + \dfrac{10}{\sqrt{2}} \end{cases}$$

でなければならない．さらに不定積分を考える．

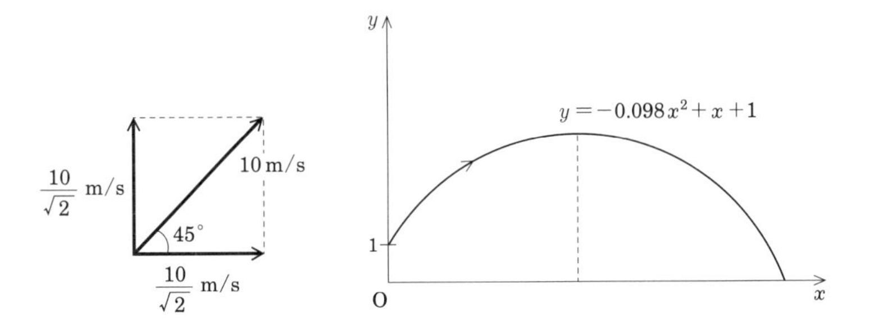

図 9.2　投げられたボールの初速度成分と軌道

$$\begin{cases} x = \dfrac{10}{\sqrt{2}}t + C'' \\ y = -4.9t^2 + \dfrac{10}{\sqrt{2}}t + C''' \end{cases}$$

となる．出発点は $(x(0),\, y(0)) = (0,\, 1)$ であるから，最終的に

$$\begin{cases} x = \dfrac{10}{\sqrt{2}}t \\ y = -4.9t^2 + \dfrac{10}{\sqrt{2}}t + 1 \end{cases}$$

が得られる．これより，$t = \dfrac{\sqrt{2}}{10}x$ であるから，t を消去すれば

$$y = -4.9 \times \frac{2}{100}x^2 + x + 1 = -0.098x^2 + x + 1$$

となり，ボールの軌道は上に凸である放物線になる．

演習問題 9

A. 確認問題

次のそれぞれの記述の正誤を判定せよ．ただし，積分定数は省略してある．

1. $\displaystyle\int \sqrt{x}dx = x\sqrt{x}$

2. $\displaystyle\int \frac{1}{x^2-1}dx = \int \frac{1}{2}\left(\frac{1}{x-1} - \frac{1}{x+1}\right)dx$

$$= \frac{1}{2}(\log|x-1| - \log|x+1|) = \frac{1}{2}\log\left|\frac{x-1}{x+1}\right|$$

3. $\displaystyle\int e^{3x}dx = 3e^{3x}$

4. $\displaystyle\int \sin x dx = \cos x$

5. $\displaystyle\int \frac{1}{x}\log|x|dx = \frac{1}{2}(\log|x|)^2$

6. $\displaystyle\int \frac{\sin x\cos x}{\sin^2 x + 1}dx = \log(\sin^2 x + 1)$

7. 部分積分の公式は

$$\int f'(x)g(x)dx = f(x)g(x) + \int f(x)g'(x)dx$$

である．

8. 置換積分の公式は

$$\int f(x)dx = \int f(g(t))g'(t)dt$$

である．

B. 演習問題

1. 積分

$$\int (\log x + 1)^2 dx$$

を求めよ．

2. 積分 $\int x\sqrt{1+x}dx$ を求めよ．

3. §9.9 のボール投げ問題において，地上 0m から角度を $\theta\,(0 \leqq \theta \leqq \pi/2)$ で投げるとするとき，最も遠くまで届くときと，最も高くまで届くときの θ を求めよ．

第10章 定積分

微分や不定積分と並んで微積分の柱になっているのが定積分である．微分法と不定積分が総合されて定積分が計算される．定積分を計算することによって，曲がった境界をもった図形の面積や体積を求めることができる．定積分を定義するには，極限操作が必要になる．

本章のキーワード

定積分，面積，積分可能，微分積分学の基本定理，部分積分，置換積分

10.1 定積分

✤ 定積分の例

記号

$$\int_1^3 x^2 dx$$

は関数 x^2 の 1 から 3 までの**定積分**と呼ばれる．これは関数 $y = x^2$ の曲線と，x 軸，直線 $x = 1$，直線 $x = 3$ で囲まれる図形の面積になる (次ページ図 10.1).

定積分 $\int_1^3 x^2 dx$ を計算するには，まず微分すると x^2 になる関数，すなわ

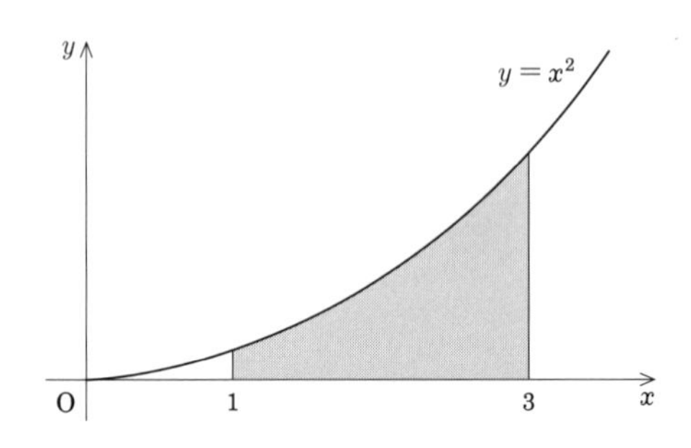

図 10.1　x^2 の 1 から 3 までの定積分

ち原始関数を求める．

$$\left(\frac{x^3}{3}\right)' = x^2$$

であるから，$\dfrac{x^3}{3}$ がその関数である．次に

$$\int_1^3 x^2 dx = \left[\frac{x^3}{3}\right]_1^3$$

とおく．ここで記号 $\left[\dfrac{x^3}{3}\right]_1^3$ は $\dfrac{x^3}{3}$ の $x = 3$ の値から $x = 1$ の値を引いた値を表す．したがって，

$$\int_1^3 x^2 dx = \left[\frac{x^3}{3}\right]_1^3 = \frac{27}{3} - \frac{1}{3} = \frac{26}{3}$$

となって定積分の値が求まる．

✤ 定積分と原始関数

一般に関数 $f(x)$ の $x = a$ から $x = b$ までの定積分を記号

$$\int_a^b f(x)dx$$

によって表す．この定積分の値は，$f(x) \geqq 0$ $(a \leqq x \leqq b)$ の場合は，曲線 $y = f(x)$，x 軸，直線 $x = a$，直線 $x = b$ で囲まれた図形の面積になる．また，$f(x) < 0$ $(a \leqq x \leqq b)$ の場合は，これらで囲まれる図形の面積にマイナスをつけた値になる．

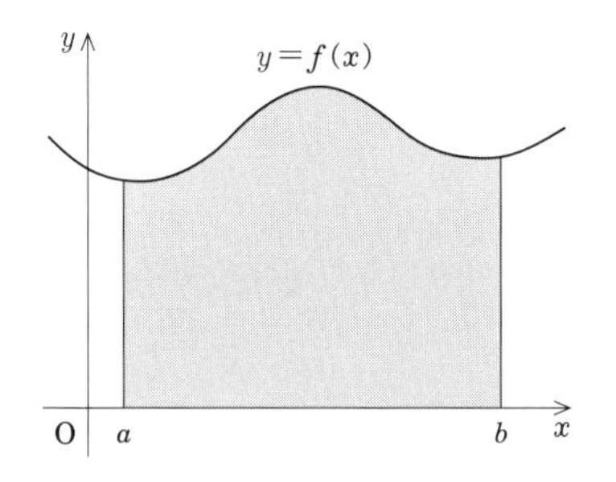

図 **10.2**　定積分

さらに，この定積分の値を求めるためには

$$(F(x))' = f(x)$$

となる関数 ($f(x)$ の原始関数)$F(x)$ を求めて，

$$\int_a^b f(x)dx = \Big[F(x)\Big]_a^b = F(b) - F(a)$$

によって求める．

区間 $[a, b]$ で連続な二つの関数の間に，$a \leqq x \leqq b$ において $f(x) \geqq g(x)$ という関係があれば $y = f(x)$，$y = g(x)$，$x = a$，$x = b$ で囲まれた図形の面積は

$$\int_a^b (f(x) - g(x))dx$$

となる．

✤ 定積分の定義

曲線で囲まれた図形の面積がなぜ

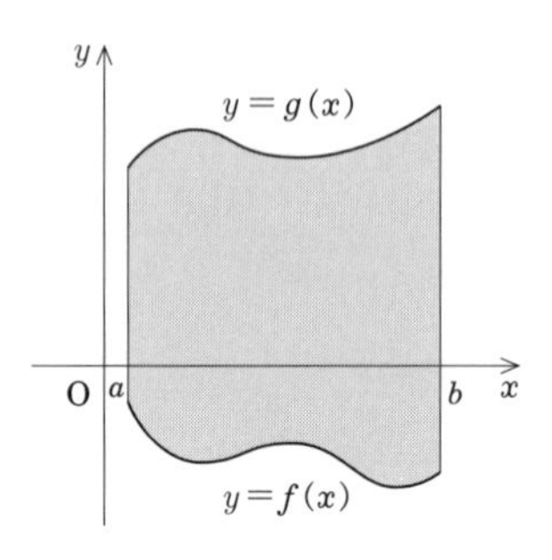

図 **10.3**　二つの関数の間の面積

$$\int_a^b f(x)dx = F(b) - F(a)$$

によって求めることができのであろうか．それは，定積分の定義やその性質を調べることによって明らかになる．

$f(x)$ $(a \leqq x \leqq b)$ を連続関数とする．区間 $[a, b]$ を n 個の小区間に分割し，この分割の仕方を $\varDelta$ と名付ける．

$$\varDelta: \ x_0 = a < x_1 < x_2 < \cdots < x_{i-1} < x_i < \cdots < x_n = b$$

この分割の i 番目の小区間 $[x_{i-1}, x_i]$ から 1 点 c_i を各 i に対してとる．このとき，和

$$\begin{aligned} R(\varDelta, \{c_i\}) &= f(c_1)(x_1 - x_0) + f(c_2)(x_2 - x_1) + \cdots + f(c_n)(x_n - x_{n-1}) \\ &= \sum_{i=1}^{n} f(c_i)(x_i - x_{i-1}) \end{aligned}$$

を考える．$f(x) \geqq 0$ $(a \leqq x \leqq b)$ のとき，$R(\varDelta, \{c_i\})$ は小長方形の面積 $f(c_i)(x_i - x_{i-1})$ の和で，図形 $\{(x, y) \,|\, a \leqq x \leqq b, \ 0 \leqq y \leqq f(c)\}$ の面積を近似していることになっている．

分割 $\varDelta$ を全体的に細かくすれば，和 $R(\varDelta, \{c_i\})$ は連続関数の性質を使って，分割の仕方と点列 $\{c_i\}$ の選び方によらず，一定値に収束することを示すことができる．その極限値を

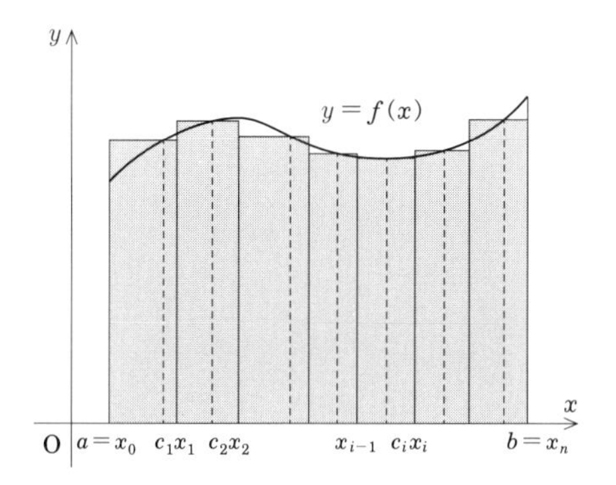

図 **10.4**　和 $R(\Delta, \{c_i\})$

$$\int_a^b f(x)dx \tag{10.1}$$

と表し，関数 $f(x)$ の a から b までの**定積分**という．a をこの定積分の**下端**，b を**上端**，また，$f(x)$ を**被積分関数**という．

和 $R(\Delta, \{c_i\})$ において，小区間 $[x_{i-1}, x_i]$ から選ぶ点 c_i は任意であるから，$f(c_i)$ としてこの区間における $f(x)$ の最大値 M_i，あるいは最小値 m_i をとることができる．

$$s(\Delta) = \sum_{i=1}^{n} m_i(x_i - x_{i-1}), \quad S(\Delta) = \sum_{i=1}^{n} M_i(x_i - x_{i-1}) \tag{10.2}$$

とおけば，

$$s(\Delta) \leqq R(\Delta, \{c_i\}) \leqq S(\Delta) \tag{10.3}$$

となる．

10.2　積分可能

区間 $[a, b]$ において有界な関数 $f(x)$ に対しても定積分の定義は連続関数の場合と同じように考えることができまる．しかし，分割 Δ を細かくしたとき，$R(\Delta, \{c_i\})$ が収束するとは限らない．一様に細かくなる分割の仕方，点 c_i のとり方によらず極限値が定まるとき，関数 $f(x)$ は $[a, b]$ で**積分可能**であるといい，その極限値を定積分といい同じ記号 (10.1) によって表す．

$f(x)$ を区間 $[a, b]$ において有界な関数とするとき

$$m_i = \inf_{x_{i-1} \leqq x \leqq x_i} f(x), \quad M_i = \sup_{x_{i-1} \leqq x \leqq x_i} f(x)$$

とおいて $s(\Delta)$ と $S(\Delta)$ を (10.2) によって定義する．面積で言えば $s(\Delta)$ は内側から，$S(\Delta)$ は外側からの面積の近似である．したがって，分割 Δ に分割点を追加すれば，一般には，$s(\Delta)$ は大きくなり，$S(\Delta)$ は小さくなる．そこで，二つの分割 Δ と Δ' のすべての分割点からなる分割を Δ'' とすれば，不等式

$$s(\Delta) \leqq s(\Delta'') \leqq S(\Delta'') \leqq S(\Delta')$$

が成り立ち，すべての分割にわたる集合 $\{s(\Delta)\}$ は上に有界であり，$\{S(\Delta)\}$ は下に有界である．前者の上限を s，後者の下限を S とすれば

$$s \leqq S$$

となる．そして分割を一様に細かくすれば，$S(\Delta)$ は S に，$s(\Delta)$ は s に収束することを示すことができる．実は有界な関数の場合には，$s = S$ となることが $f(x)$ が積分可能になるための必要十分条件となる．

有限個の点を除いて連続であり，不連続点では右極限値，左極限値が存在する関数は**区分的に連続**と呼ばれる．区間 $[a, b]$ で定義された区分的に連続な有界関数は積分可能であることを示すことができる．

$f(x)$ が $[a, b]$ で連続であるとき，$c_i = x_{i-1}$，あるいは $c_i = x_i$ とすることができ，また Δ として $[a, b]$ の等分をとってもよい．すなわち

$$\begin{aligned}\int_a^b f(x)dx &= \lim_{n\to\infty} \frac{1}{n} \sum_{i=1}^{n} f\left(a + \frac{b-a}{n}(i-1)\right) \\ &= \lim_{n\to\infty} \frac{1}{n} \sum_{i=1}^{n} f\left(a + \frac{b-a}{n} i\right)\end{aligned}$$

として積分を計算することもできる．

例 10.1　$\dfrac{e^h - 1}{h} \to 1 \, (h \to 0)$ (§5.2) であるから

$$n(e^{\frac{1}{n}} - 1) \to 1 \quad (n \to \infty)$$

が成り立つ．したがって，等比級数の和の公式 (§11.3) を用いると

$$\begin{aligned}\int_0^1 e^x dx &= \lim_{n\to\infty} \sum_{i=1}^{n} e^{\frac{i-1}{n}} \times \frac{1}{n} \\ &= \lim_{n\to\infty} \frac{1}{n}(e^0 + e^{\frac{1}{n}} + e^{\frac{2}{n}} + \cdots + e^{\frac{n-1}{n}}) \\ &= \lim_{n\to\infty} \frac{1}{n} \frac{1-e}{1-e^{\frac{1}{n}}} = e - 1\end{aligned}$$

◇

10.3 定積分の性質

定積分

$$\int_a^b f(x)dx$$

は関数 $f(x)$ と区間 $[a, b]$ によって決まる数値であり，定積分の記号に現れる x は重要ではなく他の文字に置き換えることができる．例えば，

$$\int_a^b f(x)dx = \int_a^b f(t)dt = \int_a^b f(u)du$$

などである．

定積分の定義より次の定積分の性質が導かれる．

定理 10.1 関数 $f(x)$, $g(x)$ は区間 $[a, b]$ で積分可能であるとする．そのとき和 $f(x) + g(x)$ も定数倍 $cf(x)$ も積分可能で次の性質をもつ．

(1) $\displaystyle\int_a^b \{f(x) + g(x)\}dx = \int_a^b f(x)dx + \int_a^b g(x)dx$

(2) $\displaystyle\int_a^b \{cf(x)\}dx = c\int_a^b f(x)dx$

(3) $f(x) \geqq g(x)$ $(a \leqq x \leqq b)$ ならば

$$\int_a^b f(x)dx \geqq \int_a^b g(x)dx$$

特に，$f(x) \geqq 0$ $(a \leqq x \leqq b)$ ならば

$$\int_a^b f(x)dx \geqq 0$$

となる．

関数 $f(x)$ が $[a, b]$ で積分可能のとき，

$$\int_b^a f(x)dx = -\int_a^b f(x)dx$$

と定める．また特に $a = b$ の場合も考えて

$$\int_a^a f(x)dx = 0$$

と定める．すると次の定理が成立する．

定理 10.2　関数 $f(x)$ が a, b, c を端点とする三つの区間で積分可能であるとする．すると a, b, c の大小に関係なく

$$\int_a^b f(x)dx = \int_a^c f(x)dx + \int_c^b f(x)dx$$

が成り立つ．

10.4　微分積分学の基本定理

区間 $[a, b]$ における連続関数 $f(x)$ について，

$$G(t) = \int_a^t f(x)dx$$

とおく．すると $c, t \in (a, b)$ $(t \neq c)$ のとき，

$$G(t) - G(c) = \int_a^t f(x)dx - \int_a^c f(x)dx = \int_c^t f(x)dx$$

が成り立つ．$M(c, t)$ と $m(c, t)$ を区間 $[c, t]$ ($c < t$ のとき) または $[t, c]$ ($t < c$ のとき) における関数 $f(x)$ の最大値と最小値とする．$c < t$ のときは

$$m(c, t)(t - c) \leqq \int_c^t f(x)dx \leqq M(c, t)(t - c)$$

となり，$t < c$ のときは

$$m(c, t)(c - t) \leqq \int_t^c f(x)dx \leqq M(c, t)(c - t)$$

となる．すると，いずれの場合も不等式

$$m(c, t) \leqq \frac{1}{t - c}\int_c^t f(x)dx \leqq M(c, t)$$

すなわち，

$$m(c, t) \leqq \frac{G(t) - G(c)}{t - c} \leqq M(c, t)$$

が成り立つ．$f(x)$ は連続であるから

$$m(c, t) \to f(c) \quad (t \to c)$$

$$M(c, t) \to f(c) \quad (t \to c)$$

となる．したがって，

$$\frac{G(t) - G(c)}{t - c} \to f(c) \quad (t \to c)$$

となり

$$G'(c) = f(c)$$

が成り立つことが分かった．c は区間 (a, b) の任意の点であるから，この区間の x に対して

$$G'(x) = f(x) \tag{10.4}$$

となる．こうして，次の**微分積分学の基本定理**が成り立つ．

> **定理 10.3：微分積分学の基本定理**　関数 $f(x)$ が c, x を含む区間で連続であれば，x の関数 $\int_c^x f(t)dt$ は微分可能であり，
>
> $$\frac{d}{dx}\left(\int_c^x f(t)dt\right) = f(x)$$
>
> が成り立つ．

この定理は，関数 $f(x)$ を積分してから微分すると，もとの関数 $f(x)$ が得られる，すなわち微分と積分は逆の操作であることを主張している．

一方，関数 $F(x)$ を $f(x)$ の原始関数，すなわち $F'(x) = f(x)$ を満たす $[a, b]$ を含む区間で微分可能な関数とする．すると，定理 9.1 より，$F(x) = G(x) + C$ を満たす定数 C が存在するので，

$$F(b) - F(a) = (G(b) + C) - (G(a) + C) = \int_a^b f(x)dx$$

となる．こうして原始関数から定積分を計算する次の定理が成り立つ．

> **定理 10.4**　$F(x)$ を $f(x)$ の原始関数とすれば
>
> $$\int_a^b f(x)dx = \Big[F(x)\Big]_a^b$$
>
> が成り立つ．

10.5 定積分の計算

✤ 部分積分

定積分のときの部分積分の公式は次のようになる.

定理 10.5：部分積分法

$$\int_a^b f'(x)g(x)dx = \Big[f(x)g(x)\Big]_a^b - \int_a^b f(x)g'(x)dx.$$

例 10.2 部分積分の公式を用いて,

$$I = \int_0^1 xe^x dx$$

を求める.

$$\begin{aligned} I &= \int_0^1 (e^x)' x dx = \Big[e^x x\Big]_0^1 - \int_0^1 e^x \times 1 dx \\ &= e - 0 - \Big[e^x\Big]_0^1 = e - (e - e^0) = 1. \end{aligned}$$

◇

✤ 置換積分

定積分のときの置換積分の公式は次のようになる.

定理 10.6：置換積分法の公式 閉区間 $[\alpha, \beta]$ 上の C^1 級の関数 $g(t)$ について, $g(\alpha) = a$, $g(\beta) = b$ とするとき, 閉区間 $[a, b]$ 上の連続関数 $f(x)$ に対して

$$\int_a^b f(x)dx = \int_\alpha^\beta f(g(t))g'(t)dt$$

が成り立つ.

例 10.3　置換積分の公式を用いて，定積分

$$I = \int_0^1 x\sqrt{1-x}dx$$

を求める．

$t = \sqrt{1-x}$ とおくと

$$x = 1 - t^2, \quad \frac{dx}{dt} = -2t$$

であり，$x = 0$ のとき $t = 1$，$x = 1$ のとき $t = 0$ であるから，

$$\begin{aligned} I &= \int_1^0 (1-t^2)t(-2t)dt = \int_1^0 (-2t^2 + 2t^4)dt \\ &= \left[-\frac{2}{3}t^3 + \frac{2}{5}t^5\right]_1^0 = 0 - \left(-\frac{2}{3} + \frac{2}{5}\right) = \frac{4}{15} \end{aligned}$$

が得られる． 

演習問題 10

A. 確認問題

次のそれぞれの記述の正誤を判定せよ.

1. 連続関数 $f(x)$ について，関数 $F(x)$ が $F'(x)=f(x)$ を満たすとき，

$$\int_a^b F(x)dx = f(b)-f(a).$$

2. $\displaystyle\int_1^2 x^4 dx = \Big[4x^3\Big]_1^2 = 32-4=28.$

3. $\displaystyle\int_0^{\frac{\pi}{2}} \sin x dx = \Big[\cos x\Big]_0^{\frac{\pi}{2}} = \cos\frac{\pi}{2}-\cos 0 = 0-1=-1.$

4. $\left[0,\ \dfrac{\pi}{4}\right]$ において，上下が二つの曲線 $y=\cos x$ と $y=\sin x$ で限られた部分の面積 S は

$$\begin{aligned} S &= \int_0^{\frac{\pi}{4}} (\cos x - \sin x)dx = \Big[\sin x + \cos x\Big]_0^{\frac{\pi}{4}} \\ &= \sin\frac{\pi}{4} + \cos\frac{\pi}{4} - \sin 0 - \cos 0 = \frac{1}{\sqrt{2}} + \frac{1}{\sqrt{2}} - 0 - 1 = \sqrt{2}-1. \end{aligned}$$

5. 連続関数 $f(x)$ について

$$\int_a^b f(x)dx = \int_{-b}^{-a} f(x)dx.$$

6. 連続関数 $f(x), g(x)$ について

$$\int_a^b f(x)g(x)dx = \left(\int_a^b f(x)dx\right)\left(\int_a^b g(x)dx\right).$$

7. 連続関数 $f(x)$ について

$$\left(\int_1^x f(t)dt\right)' = f(x)-f(1).$$

8. 連続関数 $f(x)$ について

$$\left(\int_1^{x^2} f(t)dt\right)' = 2xf(x^2).$$

9. 連続関数 $f(x)$ について

$$\left(\int_x^0 f(x)dx\right)' = -f(x).$$

B. 演習問題

1. 次の定積分を計算せよ.

(1) $\displaystyle\int_0^{\frac{\pi}{4}} x\cos x dx$

(2) $\displaystyle\int_0^2 x^2\sqrt{2-x}dx$

(3) $\displaystyle\int_1^e \log x dx$

(4) $\displaystyle\int_0^{\frac{\pi}{2}} \sin^3 x dx$

第11章 級数

等比数列の和の計算公式から始める．ついで，無限級数の和とは何かを説明し，正項無限級数を中心に和をもつ (収束する) 無限級数であるか，和をもたない (発散する) 無限級数であるかの判定を行う．

本章のキーワード

無限数列，等比数列，無限級数，無限級数の和，無限正項級数，整級数

11.1 収束数列

第 2 章において無限数列と極限についての基本的なことを学んだ．無限数列 $\{a_n\}$ が極限値 a に収束するとは，$n \to \infty$ となるとき $a_n \to a$ となることであったから，$a_n - a \to 0$ となる．したがって，このとき

$$
\begin{aligned}
|a_m - a_n| &= |(a_m - a) - (a_n - a)| \\
&\leqq |a_m - a| + |a_n - a| \to 0 \quad (m,\, n \to \infty)
\end{aligned}
$$

が成立する．このように，$a_m - a_n \to 0\,(m,\, n \to \infty)$ が成り立つ数列 $\{a_n\}$ は**コーシー**[1]**列** (あるいは**基本列**) と呼ばれる．収束する数列はコーシー列であ

---

[1] オーギュスタン=ルイ・コーシー (Augustin-Louis Cauchy, 1789–1857) はフランスの数学者．

るが，この逆が実数の連続性公理を用いれば証明できる．コーシー列は $\varepsilon > 0$ を任意に与えると，$m, n \geqq N$ であれば，$|a_m - a_n| < \varepsilon$ となる自然数 N が存在するということなので，$n \geqq N$ であれば，$|a_n - a_N| < \varepsilon$ となる．すなわち，$n \geqq N$ となる a_n がすべて幅が 2ε の区間に入る．区間の幅を縮小していけば，この区間の中で 1 点に近づいていくことが証明できるのである．こうして次の定理が得られる．

定理 11.1：コーシーの収束判定定理　実数列 $\{a_n\}$ がコーシー列であることは，$\{a_n\}$ が収束するための一つの必要十分条件である．

実数のコーシー列は実数に収束し，複素数列がコーシー列であれば複素数に収束する．しかし有理数からなるコーシー列は有理数に収束するとは限らない．例えば無理数 e に収束する数列

$$a_0 = 2, \quad a_1 = 2.7, \quad a_2 = 2.71, \quad a_3 = 2.718, \quad a_4 = 2.7182, \quad \cdots$$

は有理数からなるコーシー列であるが有理数には収束しない．

11.2　無限級数の和

§2.7 において

$$e = 1 + \frac{1}{1!} + \frac{1}{2!} + \cdots + \frac{1}{n!} + \cdots = \sum_{n=0}^{\infty} \frac{1}{n!} \tag{11.1}$$

という式を導いた．中央 (および右辺) は一般項が $\dfrac{1}{n!}$ である数列 $\left\{\dfrac{1}{n!}\right\}$ に対応する (無限) 和である．e という無理数が非常に美しい無限和として書き表されるのである．また，$0.9999\cdots$ という無限に 9 が続く小数を考えてみると，

$$\begin{aligned} 0.9999\cdots &= 0.9 + 0.09 + 0.009 + 0.0009 + \cdots \\ &= \frac{9}{10} + \frac{9}{10^2} + \frac{9}{10^3} + \frac{9}{10^4} + \cdots \end{aligned}$$

となり無限和になっている.

一般に数列 $\{a_n\}$ に対応する和

$$\sum_{n=1}^{\infty} a_n = a_1 + a_2 + \cdots + a_n + \cdots \tag{11.2}$$

を**級数**という.

(11.1) の右辺の無限級数は e という有限の値になっているが，例えば，$1+1+1+\cdots$ は明らかに有限の和にならない．また，$1-1+1-1+\cdots$ は初めから順に加えていけば，$1, 0, 1, 0, \cdots$ となり，$(1-1)+(1-1)+(1-1)+\cdots=0$ や $1-(1-1)-(1-1)-\cdots=1$ も正しいように思われる．したがって，無限級数の和の概念をはっきりさせる必要がある.

無限級数 (11.2) はその第 n 項までの和 (第 n 部分和) を

$$s_n = a_1 + \cdots + a_n$$

とおいてできる数列 $\{s_n\}$ が極限値 s に収束するとき収束するといい，s をその**和**という.

無限級数の収束を判定する条件として次のコーシーの判定条件がある．$m < n$ のとき，$s_n - s_m = a_{m+1} + \cdots + a_n$ であるから，数列に対するコーシーの収束判定定理によって，次の定理が成り立つ.

定理 11.2 無限級数 $\sum_{n=1}^{\infty} a_n$ について

$$a_{m+1} + a_{m+2} + \cdots + a_n \to 0 \quad (m < n;\ m, n \to \infty)$$

は級数が収束するための必要十分条件である.

この定理から，$m = n-1$ として $n \to \infty$ とすれば次の定理が示される.

定理 11.3 $a_n \to 0\ (n \to \infty)$ とならない級数 $\sum_{n=1}^{\infty} a_n$ は収束しない.

しかし，$a_n \to 0\,(n \to \infty)$ であっても収束するとは限らない．例えば，

$$1 + \frac{1}{2} + \frac{1}{2} + \frac{1}{3} + \frac{1}{3} + \frac{1}{3} + \frac{1}{4} + \cdots$$

は第 $1 + 2 + 3 + \cdots + n = \dfrac{n(n+1)}{2}$ 項までの和が n であるから収束しない.

11.3 無限等比級数

収束することが分かる級数であっても，具体的にその和が計算できる級数は多くはない.

規則性をもった数列の中で重要なものの一つは，順次ある定まった数 (**公比**という) を掛けて得られる**等比数列**である．数列

$$1,\ \frac{1}{3},\ \frac{1}{9},\ \frac{1}{27},\ \frac{1}{81},\ \cdots$$

は初項が 1 で公比が $\dfrac{1}{3}$ の等比数列である．一般に，初項が a で公比が r の n 個の項からなる等比数列の第 n 項は ar^{n-1} と表すことができる．第 n 部分和

$$s_n = a + ar + ar^2 + ar^3 + \cdots + ar^{n-2} + ar^{n-1}$$

は，$r = 1$ のときはすべての項が a であるから $s_n = na$ であり $a = 0$ のとき以外は収束しない．$r \neq 1$ のときは両辺の各項に r を掛けると

$$rs_n = ar + ar^2 + ar^3 + \cdots + ar^{n-1} + ar^n = s_n - a + ar^n$$

となる．したがって $(1-r)s_n = a(1-r^n)$ となり，$1-r$ で割って

$$s_n = \frac{a(1-r^n)}{1-r}$$

が得られる．したがって，$|r|<1$ のとき $r^n \to 0\,(n\to\infty)$ であるから等比級数は収束し，

$$s = a + ar + ar^2 + ar^3 + \cdots + ar^{n-1} + \cdots = \frac{a}{1-r}$$

となる．

11.4 循環小数

前節で得られた結果を無限小数 $0.9999\cdots$ に適用すれば

$$0.9999\cdots = \frac{9}{10}\left(1+\frac{1}{10}+\frac{1}{10^2}+\frac{1}{10^3}+\cdots\right) = \frac{9}{10}\times\frac{1}{1-\dfrac{1}{10}} = 1$$

となる．このことは級数を使わなくても $0.99\cdots9\,(9$ が n 個$) = 1-\left(\dfrac{1}{10}\right)^n$ であるから，$\to 1\ (n\to\infty)$ よりわかる．

$1.23456456456\cdots$ のようにある桁から同じ数の並びが繰り返す小数を**循環小数**といい $1.23\dot{4}5\dot{6}$ と表す．この記法で $0.9999\cdots$ は $0.\dot{9}$ と表す．

正の実数 x が循環小数で

$$x = a_0.a_1\cdots a_p b_1\cdots b_q b_1\cdots b_q b_1\cdots b_q\cdots = a_0.a_1\cdots a_p\dot{b}_1\cdots\dot{b}_q$$

と表されたとする．ここで $a_0\in\mathbb{N}\cup\{0\}$, $a_1, \cdots, a_p, b_1, \cdots, b_q = 0, \cdots, 9$ である．すると

$$\begin{aligned}
r &= a_0.a_1\cdots a_p + \frac{b_1\cdots b_q}{10^{p+q}}\sum_{n=0}^{\infty}\left(\frac{1}{10^q}\right)^n \\
&= a_0.a_1\cdots a_p + \frac{b_1\cdots b_q}{10^{p+q}}\frac{1}{1-10^{-q}} \\
&= \frac{a_0a_1\cdots a_p(10^q-1)+b_1\cdots b_q}{10^p(10^q-1)} \\
&= \frac{a_0a_1\cdots a_pb_1\cdots b_q - a_0a_1\cdots a_p}{9\cdots90\cdots0}
\end{aligned}$$

という有理数となる．最後の分数の分母は 9 が q 個，0 が p 個並んだものである．例えば

$$0.999\cdots = \frac{9}{9} = 1, \quad 1.23456456456\cdots = \frac{123456-123}{99900}$$

である.

11.5　正項無限級数

すべての項が正数である無限級数を**正項無限級数**と呼ぶ．正項級数

$$\sum_{n=1}^{\infty} a_n = a_1 + a_2 + \cdots + a_n + \cdots$$

の第 n 部分和 s_n からなる数列 $\{s_n\}$ は単調増加数列である．したがって，定理 2.3 (§2.17) によって次の定理が得られる.

> **定理 11.4**　正項無限級数 $\sum_{n=1}^{\infty} a_n$ は，第 n 部分和 s_n からなる数列 $\{s_n\}$ が有界であれば収束する.

例 11.1　正項無限級数

$$1 + \frac{1}{4} + \frac{1}{9} + \frac{1}{16} + \cdots + \frac{1}{n^2} + \cdots$$

は収束すること示そう.

すべての自然数 n について $\frac{1}{x^2} > \frac{1}{n^2}$ $(n-1 < x < n)$ であることより

$$\int_{n-1}^{n} \frac{1}{x^2}dx > \int_{n-1}^{n} \frac{1}{n^2}dx = \frac{1}{n^2}$$

が成り立つから,

$$\begin{aligned} s_n &= 1 + \frac{1}{2^2} + \frac{1}{3^2} + \cdots + \frac{1}{n^2} \\ &< 1 + \int_1^2 \frac{1}{x^2}dx + \int_2^3 \frac{1}{x^2}dx + \cdots + \int_{n-1}^{n} \frac{1}{x^2}dx \end{aligned}$$

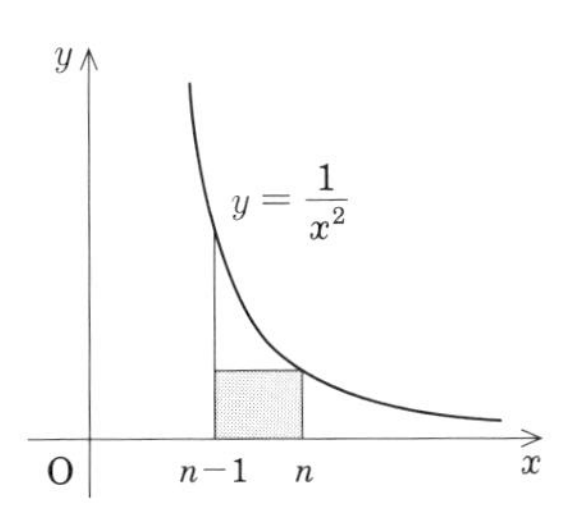

図 11.1　$\frac{1}{x^2} > \frac{1}{n^2}$ $(n-1 < x < n)$

$$= 1 + \int_1^n \frac{1}{x^2} dx = 1 + \left[-\frac{1}{x} \right]_1^n = 1 - \frac{1}{n} + 1 < 2$$

となり，第 n 部分和 s_n の数列が有界となるので，定理 11.4 により収束する.

◇

例 11.2　正項無限級数 $1 + \frac{1}{2} + \frac{1}{3} + \frac{1}{4} + \cdots + \frac{1}{n} + \cdots$ は収束しない.

実際，すべての自然数 n について $\frac{1}{x} < \frac{1}{n}$ $(n < x < n+1)$ であることより

$$\int_n^{n+1} \frac{1}{x} dx < \int_n^{n+1} \frac{1}{n} dx = \frac{1}{n}$$

が成り立つ.

$$s_n = 1 + \frac{1}{2} + \frac{1}{3} + \cdots + \frac{1}{n}$$

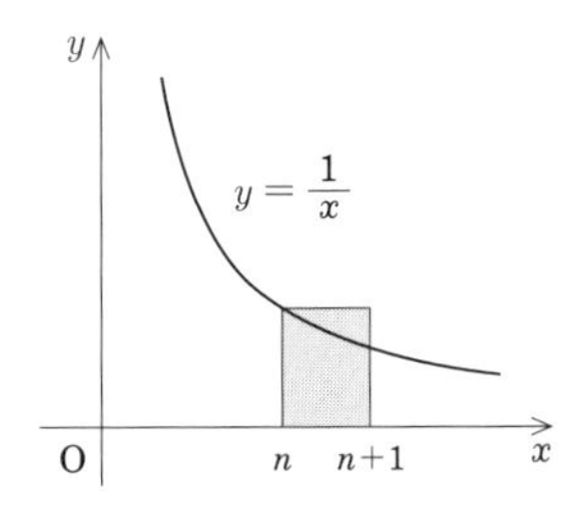

図 11.2　$\frac{1}{x} < \frac{1}{n}$ $(n < x < n+1)$

$$
\begin{aligned}
&> \int_1^2 \frac{1}{x}dx + \int_2^3 \frac{1}{x}dx + \int_3^4 \frac{1}{x}dx + \cdots + \int_n^{n+1} \frac{1}{x}dx \\
&= \int_1^{n+1} \frac{1}{x}dx = \Big[\log x\Big]_1^{n+1} = \log(n+1)
\end{aligned}
$$

となり，n を限りなく大きくしていくとき，$\log(n+1)$ も限りなく大きくなるから，s_n もいくらでも大きくなり，この正項無限級数は収束しない．◇

同じように定積分の値と比較することによって，次の定理を得る．

定理 11.5　正項無限級数

$$1 + \frac{1}{2^s} + \frac{1}{3^s} + \frac{1}{4^s} + \cdots$$

は，$s > 1$ のとき収束し，$s \leqq 1$ のとき収束しない．

証明は $s > 1$ に対しては $s = 2$ の場合と同様に，$0 < s < 1$ に対しては $s = 1$ の場合と同様にしてできる．$s < 0$ のときは $a_n = n^{-s}$ が 0 に収束しないので級数は収束しない (定理 11.3)．$s > 1$ で収束するこの和は s の関数として**リーマン**[2)]**のゼータ (ζ) 関数**と呼ばれている．

次の定理は収束する数列と比較することによって収束を保証する定理である．

定理 11.6　正の数列 $\{a_n\}$ と特に正とは限らない数列 $\{b_n\}$ の間に，$|b_n| \leqq a_n (n = 1, 2, \cdots)$ という関係があり，$\sum_{n=1}^{\infty} a_n$ が収束すれば，$\sum_{n=1}^{\infty} b_n$ も収束する．

証明　$m < n$ として $m, n \to \infty$ とすると，コーシーの収束判定条件により

[2)] ベルンハルト・リーマン (Georg Friedrich Bernhart Riemann, 1826–1866) はドイツの数学者

$$0 \leqq |b_{m+1} + b_{m+2} + \cdots + b_n| \leqq |b_{m+1}| + |b_{m+2}| + \cdots + |b_n|$$
$$\leqq a_{m+1} + a_{m+2} + \cdots + a_n \to 0$$

となり $\sum_{n=1}^{\infty} b_n$ は収束する. □

特に, $\sum_{n=1}^{\infty} |a_n|$ が収束すれば, $\sum_{n=1}^{\infty} a_n$ は収束する. このとき, $\sum_{n=1}^{\infty} a_n$ は**絶対収束**するという. 級数の収束はこれらの定理と, 次のような極限に現れる分子と分母の発散の速さの比較を用いて判定されることが多い.

定理 11.7 (1) $a > 1$ であれば任意の k に対して

$$\lim_{x \to \infty} \frac{x^k}{a^x} = 0$$

が成り立つ.

(2) 任意の $k > 0$ に対して

$$\lim_{x \to \infty} \frac{\log x}{x^k} = 0$$

が成り立つ.

(3) $a > 0$ とすれば

$$\lim_{n \to} \frac{a^n}{n!} = 0$$

が成り立つ.

証明 まず (1) の $a = e$, $k = 1$ の場合を示す. すなわち

$$\lim_{x \to \infty} \frac{x}{e^x} = 0 \tag{11.3}$$

である. なぜなら, $x > 0$ のとき $e^x = 1 + x + \frac{x^2}{2!} + \cdots > \frac{x^2}{2}$ より

$$0 < \frac{x}{e^x} < \frac{2}{x} \to 0 \quad (x \to \infty)$$

となるからである．同じく $x > 0$ のとき任意の自然数 m に対して $e^x > \dfrac{x^{m+1}}{(m+1)!}$ であることを使えば

$$\lim_{x\to\infty}\frac{x^m}{e^x}=0$$

である．これより，$k \leqq m$ となる m をとれば，任意の $k>0$ に対して

$$\lim_{x\to\infty}\frac{x^k}{e^x}=0 \tag{11.4}$$

が成り立つ．$a>1$ のとき $t=x\log a$ とおくと，$\log a>0$ であり，

$$\frac{x^k}{a^x}=\frac{1}{(\log a)^k}\frac{t^k}{e^t}$$

であるから (11.4) より (1) が成り立つ．

(1) において $x=e^t$ とおけば $t=\log x$ であるから $\dfrac{\log x}{x}=\dfrac{t}{e^t}$ となり，

$$\lim_{x\to\infty}\frac{\log x}{x}=0 \tag{11.5}$$

が成り立つ．$k>0$ に対して $t=x^k$ とおけば

$$\frac{\log x}{x^k}=\frac{1}{k}\frac{\log x^k}{x^k}=\frac{1}{k}\frac{\log t}{t}$$

で $x\to\infty$ のとき $t\to\infty$ であるから (2) が成り立つ．

(3) は次のように示される．$2a<N$ となる番号 N をとれば，$n>N$ のとき

$$\frac{a^n}{n!}=\frac{a^N}{N!}\frac{a}{N+1}\cdots\frac{a}{n}<\frac{a^N}{N!}\frac{1}{2^{n-N}}$$

となる．$n\to\infty$ とすれば最右辺は 0 に収束し (3) が成り立つ．　□

例 11.3　正項無限級数

$$\frac{\log 2}{2^2}+\frac{\log 3}{3^2}+\cdots+\frac{\log n}{n^2}+\cdots$$

は収束する．

なぜなら，定理 11.7 (1) より

$$\lim_{n\to\infty}\frac{\log n}{n^{\frac{1}{2}}}=0$$

であるから，n が十分大きいとき $\log n < n^{\frac{1}{2}}$，したがって $\dfrac{\log n}{n^2} < \dfrac{1}{n^{\frac{3}{2}}}$ が成り立ち，正項無限級数

$$\frac{1}{2^{\frac{3}{2}}}+\frac{1}{3^{\frac{3}{2}}}+\cdots+\frac{1}{n^{\frac{3}{2}}}+\cdots$$

は収束するからである. ◇

例 11.4 正項無限級数

$$\frac{1}{3}+\frac{2}{3^2}+\frac{3}{3^3}+\cdots+\frac{n}{3^n}+\cdots$$

は収束する.

なぜなら定理 11.7 (1) より，

$$\lim_{n\to\infty}\frac{n}{\left(\dfrac{3}{2}\right)^n}=0$$

であるから，n が十分大きいとき $n<\left(\dfrac{3}{2}\right)^n$ が，したがって

$$\frac{n}{3^n}<\frac{1}{3^n}\times\left(\frac{3}{2}\right)^n=\frac{1}{2^n}$$

が成り立ち，正項無限級数

$$\frac{1}{2}+\frac{1}{2^2}+\frac{1}{2^3}+\cdots+\frac{1}{2^n}+\cdots$$

は収束するからである. ◇

11.6 等比級数との比較

$\{a_n\}$ が 0 を含まない数列としたとき，$0<p<1$ となる p に対して，ある番号 N より大きい n について，$|a_n|<p|a_{n-1}|$ とすれば，

$$|a_N|+|a_{N+1}|+|a_{N+2}|+\cdots+|a_n|<|a_N|(1+p+p^2+\cdots+p^{n-N})$$

であるから級数 $\sum_{n=1}^{\infty} a_n$ は (絶対) 収束する．また $n > N$ ならば $|a_n| > q|a_{n-1}|$ となる $q > 1$ があれば $a_n \to 0$ とはならないので発散する．したがって，特に

$$\lim_{n\to\infty}\left|\frac{a_{n+1}}{a_n}\right| = r$$

となるとき，$r < 1$ であれば収束し，$r > 1$ であれば発散する．

また $0 < p < 1$ となる p に対して，ある番号 N より大きい n について，$\sqrt[n]{|a_n|} < p$ とすれば，

$$|a_N| + |a_{N+1}| + |a_{N+2}| + \cdots + |a_n| < p^N + p^{N+1} + p^{N+2} + \cdots + p^n$$

であるから級数 $\sum_{n=1}^{\infty} a_n$ は (絶対) 収束する．また $n > N$ ならば $\sqrt[n]{|a_n|} > q$ となる $q > 1$ があれば $a_n \to 0$ とはならないので発散する．したがって，特に

$$\lim_{n\to\infty}\sqrt[n]{|a_n|} = r$$

となるとき，$r < 1$ であれば収束し，$r > 1$ であれば発散する．

以上を定理としてまとめておこう．

定理 11.8　無限級数 $\sum_{n=1}^{\infty} a_n$ について，

(1)　(ダランベールの判定法)

$$\lim_{n\to\infty}\left|\frac{a_{n+1}}{a_n}\right| = r$$

が存在するならば，$r < 1$ であれば収束し，$r > 1$ であれば発散する．

(2)　(コーシーの判定法)

$$\lim_{n\to\infty}\sqrt[n]{|a_n|} = r$$

が存在するならば，$r < 1$ であれば収束し，$r > 1$ であれば発散する．

11.7 整級数

無限級数の中で重要なのが次の形をした**整級数**である：

$$\sum_{n=0}^{\infty} a_n x^n = a_0 + a_1 x + a_2 x^2 + \cdots + a_n x^n + \cdots. \tag{11.6}$$

整級数は**べき級数**とも呼ばれる．テイラーの定理 8.7 によれば，$f(x)$ が $x = 0$ を含む区間で C^{n+1} 級であれば，

$$f(x) = f(0) + \frac{f'(0)}{1!}x + \frac{f''(0)}{2!}x^2 + \cdots + \frac{f^{(n)}(0)}{n!}x^n + R_n$$

と表すことができる．ただし，剰余項と呼ばれる R_n は適当な θ $(0 < \theta < 1)$ をとれば $R_n = \dfrac{f^{(n+1)}(\theta x)}{(n+1)!}x^{n+1}$ となる．したがって，$f(x)$ が 0 を含む区間で何回でも微分可能 (これを C^∞ 級という) で，$R_n \to 0\,(n \to \infty)$ とが成り立てば

$$f(x) = \sum_{n=0}^{\infty} \frac{f^{(n)}(0)}{n!}x^n$$

となる整級数に展開される．この級数を (0 における) **テイラー級数**あるいは**マクローリン**[3]**級数**という．

(11.6) において $x = 0$ とすると，この級数は a_0 のみとなって収束する．整級数の収束については次の著しい性質がある．

(1) $x = x_1$ のとき収束すれば $|x| < |x_1|$ を満たすすべての x に対して収束する．

(2) $x = x_2$ のとき発散すれば $|x| > |x_2|$ を満たすすべての x に対して発散する．

したがって，

(i) すべての実数 x に対して収束する

(ii) $x \neq 0$ となるすべての x に対して発散する

---

[3] コリン・マクローリン (Colin Maclaurin, 1698–1746) はイギリスの数学者．

(iii) $|x| < r$ であれば収束し，$|x| > r$ であれば発散するという $r > 0$ がただ一つ存在する．

のいずれかが成り立つ．(iii) の r をこの級数の**収束半径**という．(i) のとき収束半径は ∞ といい，(ii) のとき収束半径は 0 であるという．区間 $|x| < r$ を**収束円**という[4]．

整級数 (11.6) の収束半径が r $(0 < r \leqq \infty)$ であるとき区間 $(-r, r)$ で定義された関数

$$f(x) = \sum_{n=0}^{\infty} a_n x^n \tag{11.7}$$

が得られる．関数 $f_n(x)$ を項とする無限級数 $\sum_{n=0}^{\infty} f_n(x)$ は，これが関数 $f(x)$ に収束するとき，各項 $f_n(x)$ が微分可能であっても，$f_n'(x)$ を項とする級数 $\sum_{n=0}^{\infty} f_n'(x)$ は収束するとは限らない．また収束しても $f'(x)$ になるとはいえない．$f(x)$ が微分可能ではないこともある．ところが，整級数 (11.7) に対しては，$(a_n x^n)' = n a_n x^{n-1}$ を項とする整級数も (11.7) と同じ収束半径をもち $f'(x)$ に等しくなる：

$$f'(x) = \sum_{n=1}^{\infty} n a_n x^{n-1}.$$

したがって，整級数は収束円において C^∞ 級であり，$a_n = \dfrac{f^{(n)}(0)}{n!}$ となる．

例 11.5　$f(x) = e^x$ に対するテイラー展開は (8.1) により

$$e^x = \sum_{k=0}^{n} \frac{x^k}{k!} + R_n, \quad R_n = \frac{e^{\theta x} x^{n+1}}{(n+1)!}$$

である．定理 11.7 (4) によりすべての x に対して $R_n \to 0$ となる．したがって収束半径が ∞ の整級数展開

---

[4] 整級数は複素変数に対しても考えられ，変数 x を z に変え，係数 a_n は複素数でもよいとした級数についての収束半径 r と実際に円である収束円 $\{z \in \mathbb{C} \mid |z| < r\}$ の説明はそのまま成立する．

$$e^x = 1 + x + \frac{x^2}{2!} + \frac{x^3}{3!} + \cdots + \frac{x^n}{n!} + \cdots \tag{11.8}$$

が得られる．(☞ p.183「ことばとイメージ (9)」を参照.) $\cos x$, $\sin x$ のテイラーの定理の剰余項はそれぞれ

$$R_n(\cos x) = \cos\left(\theta x + \frac{(n+1)\pi}{2}\right)\frac{x^{n+1}}{(n+1)!}$$
$$R_n(\sin x) = \sin\left(\theta x + \frac{(n+1)\pi}{2}\right)\frac{x^{n+1}}{(n+1)!}$$

であり，$|R_n| \leqq \dfrac{|x|^{n+1}}{(n+1)!} \to 0\,(n \to \infty)$ となる．したがって

$$\cos x = 1 - \frac{x^2}{2!} + \frac{x^4}{4!} - \frac{x^6}{6!} + \cdots, \quad \sin x \quad = x - \frac{x^3}{3!} + \frac{x^5}{5!} - \frac{x^7}{7!} + \cdots$$

と収束半径 ∞ の整級数に展開できる．

式 (11.8) の右辺は x が複素数 z でも収束し，その和が e^z として表される．そこで $\theta \in \mathbb{R}$ に対して

$$\begin{aligned} e^{i\theta} &= 1 + i\theta - \frac{\theta^2}{2} - i\frac{\theta^3}{3!} + \frac{\theta^4}{4!} + i\frac{\theta^5}{5!} - \frac{\theta^6}{6!} - i\frac{\theta^7}{7!} + \cdots \\ &= 1 - \frac{\theta^2}{2!} + \frac{\theta^4}{4!} - \frac{\theta^7}{7!} + \cdots + i\left(\theta - \frac{\theta^3}{3!} + \frac{\theta^5}{5!} - \frac{\theta^7}{7!} + \cdots\right) \\ &= \cos\theta + i\sin\theta \end{aligned}$$

となって**オイラーの公式**

$$e^{i\theta} = \cos\theta + i\sin\theta$$

が得られる．

複素指数関数 $e^z = 1 + \dfrac{z}{1!} + \dfrac{z^2}{2!} + \cdots$ について，複素数 z_1, z_2 に対して $e^{z_1+z_2} = e^{z_1}e^{z_2}$ が成り立つことが証明される (☞ p.44「課外授業 11.1」を参照)．したがって $z = x + iy$ に対して $e^z = e^x e^{iy} = e^x(\cos y + i\sin y)$ となる． ◇

❖ 課外授業 11．1　$e^{z_1+z_2} = e^{z_1}e^{z_2}$ の証明

積公式 $e^{z_1+z_2} = e^{z_1}e^{z_2}$ は，以下のように示される．$N \in \mathbb{N}$ に対して

$$S_N = \{(k,\, m)\,|\, k,\, m = 0,\, 1,\, 2,\, \cdots,\, N\}, \quad T_N = \{(k,\, m) \in S_N \,|\, 0 \leqq k + m \leqq N\}$$

とおく．$S_N \subset T_{2N} \subset S_{2N}$ である．すると

$$\begin{aligned} e^{z_1+z_2} &= \sum_{n=0}^{\infty} \frac{(z_1+z_2)^n}{n!} = \lim_{N\to\infty} \sum_{n=0}^{2N} \frac{1}{n!} \sum_{m=0}^{n} \frac{n!}{m!(n-m)!} z_1^{m-n} z_2^m \\ &= \lim_{N\to\infty} \sum_{(k,\, m)\in T_N} \frac{z_1^k}{k!}\frac{z_2^m}{m!} \\ e^{z_1}e^{z_2} &= \sum_{k=0}^{\infty} \frac{z_1^k}{k!} \sum_{m=0}^{\infty} \frac{z_2^m}{m!} = \lim_{N\to\infty} \sum_{(k,\, m)\in S_N} \frac{z_1^k}{k!}\frac{z_2^m}{m!} \end{aligned}$$

となる．$\dfrac{z_1^k}{k!}\dfrac{z_2^m}{m!}$ の S_N にわたる和を $A_N(z_1,\, z_2)$，T_N にわたる和を $B_N(z_1,\, z_2)$ とすれば，

$$\begin{aligned} |B_{2N}(z_1,\, z_2) - A_N(z_1,\, z_2)| &\leqq \sum_{T_{2N}\setminus S_N} \frac{|z_1|^k}{k!}\frac{|z_2|^m}{m!} \leqq \sum_{S_{2N}\setminus S_N} \frac{|z_1|^k}{k!}\frac{|z_2|^m}{m!} \\ &= \sum_{k=0}^{N} \sum_{m=N+1}^{2N} \frac{|z_1|^k}{k!}\frac{|z_2|^m}{m!} + \sum_{k=N+1}^{2N} \sum_{m=0}^{2N} \frac{|z_1|^k}{k!}\frac{|z_2|^m}{m!} \\ &\leqq e^{|z_1|} \sum_{m=N+1}^{2N} \frac{|z_2|^m}{m!} + e^{|z_2|} \sum_{k=N+1}^{2N} \frac{|z_1|^k}{k!} \\ &\to 0 \quad (N \to \infty) \end{aligned}$$

となる．ゆえに $e^{z_1+z_2} = e^{z_1}e^{z_2}$ が結論される．

ことばとイメージ(9)

解析的

微分積分学とそれから発展する数学を解析学という．関数論，微分方程式，積分論，関数解析学などが含まれる．解析は英語では analysis といい，分析とも訳される．analysis の反対語は synthsis で総合あるいは統合という意味である.「分析」と「統合」こそはデカルトが『方法序説』の中で学問の基本的な方法として強調したものである．解析学の対象は大雑把にいえば関数であるが関数の中に解析関数がある．関数はある点 a を中心とする (正または無限大の収束半径の) 整級数展開可能,

$$f(x)=\sum_{n=0}^{\infty}a_n(x-a)^n,$$

のとき**解析的**であるあるいは**解析関数**という．本書で扱う関数は特別なものを除けばすべて解析関数である．もともとオイラーの時代には関数は解析関数のみを対象とていたと言ってもよいくらいである．整級数には収束半径 r があり，a を中心とする開区間 $(a-r, a+a)$ 内の x における値を上のような無限級数で書くことができる．複素数平面にふくまれた実軸上でこの区間を考えて，これを直径とする円を描けば，この円内の任意の z について上の整級数展開が成立する．収束円の中心は実数でなくてもよく，解析関数が定義される．驚くべきことはこのようの複素数を変数とする関数を考えると微分可能であることと解析的であることが同値であることである．いかにも解析的な結果であり性質と言える．

演習問題 11

A. 確認問題

次のそれぞれの記述の正誤を判定せよ.

1. $1+\dfrac{1}{3}+\dfrac{1}{3^2}+\dfrac{1}{3^3}+\cdots+\dfrac{1}{3^{20}}=\dfrac{1-\dfrac{1}{3^{20}}}{1-\dfrac{1}{3}}$ である.

2. $0.999\cdots<1$.

3. $\displaystyle\lim_{n\to\infty}\frac{\log n}{n}=0$.

4. $1+\dfrac{1}{2}+\dfrac{1}{3}+\cdots+\dfrac{1}{n}+\cdots$ は収束する.

5. $\dfrac{1}{1+x}=1-x+x^2-x^3+\cdots \quad (-1<x<1)$.

6. $f(x)=1+x+x^2$ のテイラー展開は $f(x)=1+x+\dfrac{x^2}{2}$ である.

指数関数・対数関数による現象の説明

等比数列的に変化する量は指数関数によって表すことができる．具体的な事象をいくつか取り上げ，その本質を数式で表すことを考える．その数式は導関数を含んだ等式であり，次章で述べる微分方程式の例となっている．

本章のキーワード

細胞分裂，指数的増大，人口変動，マルサスモデル，原子崩壊，半減期，炭素年代測定法，冷却の法則，双曲線関数，ロジスティックモデル，ヴェーバー–フェヒナーの法則

12.1　細胞分裂

細胞分裂は 1 個の細胞が 2 個またはそれ以上の娘細胞に分かれる生命現象である．最初に x_0 個あった細胞が一定期間後に (例えば a 個に) 分裂が完了し，引き続き分裂が起こると仮定しよう．n 期間後の個数を x_n とすれば，$x_n = a^n x_0$ となる．

$$x(t) = x_0 a^t \tag{12.1}$$

はすべての実数 t で定義された微分可能な関数であって，$t = n$ のとき $x(n) = x_n$ $(n = 0, 1, 2, \cdots)$ となる．

$$\frac{dx(t)}{dt} = x_0(\log a)a^t = (\log a)x(t)$$

であるが，これは近似的には

$$x(t+\Delta t)-x(t)=(\log a)x(t)\Delta t$$

である．ここで $\lambda=\log a$ とおき，時間 t の増分 Δt に応ずる x の増分を $\Delta x=x(t+\Delta t)-x(t)$ とすれば

$$\Delta x=\lambda x\Delta t \tag{12.2}$$

と表される．時間経過による x の変動が関数値 x と時間 Δt に比例している．一般にこのような現象，すなわち条件 (12.2) を満す関数で表される現象については，$t=0$ のとき $x=x_0$ という条件 (初期条件) の下で，(12.1)，言い換えれば

$$x(t)=x_0e^{\lambda t}$$

で表現される．$t=0$ ではなく，$t=t_0$ のとき $x=x_0$ という初期条件であれば

$$x(t)=x_0e^{\lambda(t-t_0)}$$

となる．

単細胞生物では単一の式で解析できても，多細胞生物であれば部位によって単位時間も異なるであろうし，比例定数 λ も異なるであろう．いずれにしろ $\lambda>0$ であれば，$t\to\infty$ のとき $x\to\infty$ である．それも急速な「指数的」増加をする[1]．したがって，時間が経てば何らかの抑制がかかり増殖は緩やかになったり止まったりする．比例定数部分が時間の関数であることもあるであろう．

以下ではいくつかの場合に,「時間経過による x の変動が関数値 x と時間 Δt に比例している」例をみよう．比例定数 λ が正であれば増加であるが，負であれば時間とともに減少する現象である．

[1] 現実問題を取り扱う場合は，数や関数値の大きさあるいは小ささを感覚的に理解する必要がある．指数関数 $y=e^x$ の増加は急速で，$x=100$ のとき y は 45 桁の数であり，$x=0$ のとき $y=1$ ナノメートル $=10^{-9}$m であっても，y は観測可能宇宙の直径と同じ 10^{23} 桁 km の長さになる．

12.2 人口の変動 (その 1)

ロバート・マルサス[2]は著書『人口論』の中で,「幾何級数的に増加する人口と算術級数的に増加する食糧の差により人口過剰がおこり貧困が発生する. このことは必然であって社会制度の改善によっては避けられない」とする見解を示した. この見解は「マルサスの罠」と言われる. 幾何級数とは等比数列のことであり, 算術級数とは等差級数のことである. 人口が幾何級数的に増加する, すなわち指数関数的に増加するということを述べているのである.

一つの国あるいは地域の時刻 t における人口を $x = x(t)$ とする. 出生数と死亡数は総人口と考える時間に比例すると考えよう. 時間 $\varDelta t$ の間の出生数を $\alpha x(t)\varDelta t$, 死亡数を $\beta x(t)\varDelta t$ とする. $\lambda = \alpha - \beta$ とおけば, $\varDelta t$ の間の人口の変動 $\varDelta x = x(t + \varDelta t) - x(t)$ は

$$\varDelta x = \alpha x \varDelta t - \beta x \varDelta t = \lambda x \varDelta t$$

となり, $x_0 = x(t_0)$ とすれば

$$x(t) = x_0 e^{\lambda(t-t_0)}$$

と指数関数で表される. ただし, 人口の社会変動 (天災, 戦争, 食料危機, 社会意識の変化など) や伝染病の影響などは考慮していない.

指数関数の次第に大きくなる増加率を考えれば, 指数関数で表されたとしても期間が限定される. したがって定数 λ は全時間を通して一定ということはあり得ない. そのため, より近似性を高めるための種々の研究が行われている. 一つの試みを §12.7 で紹介する.

12.3 放射性物質の崩壊

放射性元素は放射能を放出して別の物質に変化する. 他の物質に変化することを原子崩壊という. アーネスト・ラザフォード[3]は放射性物質内の崩壊する

[2] トマス・ロバート・マルサス (Thomas Robert Marthus, 1766–1834) はイギリスの経済学者.

[3] アーネスト・ラザフォード (Ernst Rutherford, 1871–1937) はニュージーランド生まれでイギリスで活躍した物理学者.

原子個数はその物質内の原子の総数と時間に比例することを示した．時刻 t における原子の総数を $x = x(t)$ とすれば

$$x(t + \Delta t) - x(t) = -\lambda x(t)$$

となる定数 $\lambda > 0$ が存在するというのである．λ が原子ごとに異なった値であり，その原子の崩壊定数と呼ばれる．初期条件が $x(t_0) = x_0$ であれば，

$$x = x_0 e^{-\lambda(t-t_0)}$$

となる．

$t = t_1$ から $t = t_2$ までに原子個数が半分になるとしよう．$t_2 - t_1 = \tau$ とすると，$x(t_2) = \dfrac{x(t_1)}{2}$ であるから

$$x_0 e^{-\lambda(t_2-t_0)} = \frac{1}{2} x_0 e^{-\lambda(t_1-t_0)}$$

となる．これより

$$e^{\lambda\tau} = 2.$$

すなわち，

$$\tau = \frac{\log 2}{\lambda}$$

が得られる．注目されることは，τ は t_1 に関係しないことである．τ は**半減期**と呼ばれる．

炭素 14 (^{14}C) は炭素の放射性同位元素であり，半減期 5730 年で β 崩壊して窒素 14 に変わる．それを利用して遺跡等の年代を測定するのが，ウィラード・リビー[4]によって開発された**炭素年代測定法**である．

宇宙線が大気に突入するとき中性子が生成され，その中性子が大気中の窒素と反応して炭素が生まれ，直ちに酸素と結合して二酸化炭素になる．生きている植物は光合成によって二酸化炭素を取り込み，その中に一定割合の炭素 14

---

[4] ウィラード・フランク・リビー (Willard Frank Libby, 1908–1980) はアメリカの化学者．

が含まれる．その量は，自然崩壊で崩壊して失われる量だけ取り込み，植物体内における崩壊率は一定である．植物が死ぬと炭素 14 は取り込まれなくなり，植物体中の崩壊だけが進行する．例えば遺跡から発掘された木材の破片から試料を採取し，その中の炭素 14 を数えれば試料が切り倒された年代が分かる．

$t = 0$ のとき試料の木が切られたとし，N_0 を木が生きていたときの単位質量当たりの炭素 14 の個数で，現在生きている木も同じであるとみる．現在の時刻 t の個数 $N(t)$ を数えることによって，木が切られてから現在までの時間

$$t - t_0 = \frac{\tau}{\log 2} \log \frac{N_0}{N}$$

が計算できる．炭素 14 の半減期 τ は約 5730 年である．個数を数えるのは加速器質量分析法という方法による．崩壊時の放出される β 線を計測する方法 (β 線計測法) は崩壊率 $-\dfrac{dx}{dt}$ を計測することになり，これより t を求める．

12.4 化学反応

化学反応はある物質が切断したり，他の物質と結合したりして他の物質を生成する現象をいうが，もとの物質は減少し濃度が低くなる．濃度の時間微分を反応速度という．反応速度がその物質の濃度に比例する反応を **1 次反応**という．時刻 t における濃度 (concentration) を $C(t)$ で表すと

$$C'(t) = -kC(t)$$

であるから，$C(t_0) = C_0$ とすれば

$$C(t) = C_0 e^{-k(t-t_0)}$$

となる．

物質が自分自身と反応して反応速度が濃度の 2 乗に比例する場合がある．これは **2 次反応**と呼ばれるものの一種である

$$C'(t) = -kC(t)^2$$

となるとすれば，

$$\left(\frac{1}{C(t)}\right)' = -\frac{C'(t)}{C(t)^2} = k$$

となるから，A を定数として

$$\frac{1}{C(t)} = kt + A$$

となる．$C(t_0) = C_0$ であれば

$$A = \frac{1}{C_0} - kt_0 = \frac{1 - kC_0t_0}{C_0}$$

であり

$$C(t) = \frac{C_0}{kC_0(t - t_0) + 1}$$

となる．

12.5　冷却の法則

熱せられた物体と周囲との温度差を $\theta = \theta(t)$ とすると，θ が余り大きくない場合に次の**ニュートンの冷却の法則**が成り立つ：

「熱せられた物体と周囲との温度差は，温度差に比例する速度で減少する」

これは比例定数を $-k\,(k > 0)$ とすれば θ が

$$\frac{d\theta}{dt} = -k\theta$$

を満たすということである．したがって温度差 θ は t の指数関数になる．

✤ 死亡推定時刻

殺人事件等があった場合，死体から死亡時刻を推定する．死後経過時間を確定することは一般には非常に困難であるが，死後変化の程度や死体の直腸内体温等により判断する．前者は腐敗の進捗度および死後硬直とその緩解の程度並びに死斑の状態等である．

死ぬとからだの温度発生は止まるので，体温は徐々に下降し，周囲の気温と同じになってくる．直腸が直接外気に接しているのではないので，冷却の法則がそのまま当てはまるわけではない．環境因子，体内因子にも左右される．そのためか，指数関数的な現象ではなく，ロジスティック曲線 (§12.7 参照) を上下逆にした曲線に従い，最初は徐々に降下しそれから速くなり，また徐々に降下が遅くなると説く本もある．一般的には，気温が摂氏 20 度のとき，はじめの 7 時間 (10 時間との説も) は毎時間 1 度，以後毎時間 0.5 度下降すると言われている[5)]．

もし，死体のそばのテーブルにまだ温かい飲みかけのコーヒーがあったら，カップの指紋を調べるだけではなくコーヒーの温度を測ることも重要であろう．

12.6 双曲線関数

人口モデルの一つの改良モデルを紹介するために，ここで双曲線関数を取り上げる．双曲線余弦関数 $\cosh x$ と双曲線正弦関数 $\sinh x$ は次のように定義される：

$$\cosh x = \frac{e^x + e^{-x}}{2}, \quad \sinh x = \frac{e^x - e^{-x}}{2}$$

さらに，

$$\tanh x = \frac{\sinh x}{\cosh x}$$

によって双曲線正接関数が定義される．これらはすべて $(-\infty, \infty)$ で定義された C^∞ 関数であって，$\cosh x$ は遇関数，$\sinh x$ と $\tanh x$ は奇関数である．$\pm\infty$ においては

$$\lim_{x\to\pm\infty} \cosh x = \infty, \quad \lim_{x\to\pm\infty} \sinh x = \pm\infty, \quad \lim_{x\to\pm\infty} \tanh x = \pm 1$$

となる．$\cosh x$ と $\sinh x$ の $x = 0$ におけるテイラー展開は

$$\cosh x = 1 + \frac{x^2}{2!} + \frac{x^4}{4!} + \frac{x^6}{6!} + \cdots$$

---

5) 上野正彦『死体は知っている』角川文庫，1998

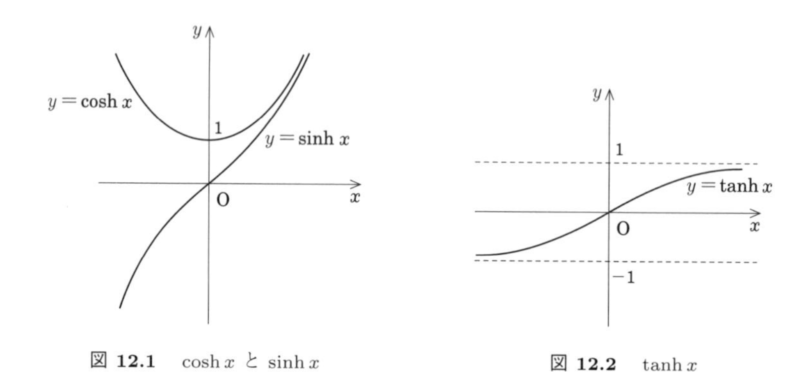

図 **12.1** $\cosh x$ と $\sinh x$

図 **12.2** $\tanh x$

$$\sinh x = x + \frac{x^3}{3!} + \frac{x^5}{5!} + \frac{x^7}{7!} + \cdots$$

となる.

$$(\cosh x)' = \sinh x, \quad (\sinh x)' = \cosh x, \quad (\tanh x)' = \frac{1}{\cosh^2 x}$$

であって $\sinh x$ と $\tanh x$ は $(-\infty, \infty)$ において，$\cosh x$ は $[0, \infty)$ において狭義の単調増加関数である.

12.7 人口の変動 (その 2)

§12.2 の人口変動のマルサスモデルを取り上げた. 次に取り上げるのはそれを改良したフェルフルスト[6]による**ロジスティックモデル**である.

前のように時刻 t における人口を $x = x(t)$ とし $x(0) = x_0$ とする. フェルフルストは人口はどこまでも増加できるものではなく上限 x_∞ があると考え，増分は総人口 x と時間 Δt だけではなく，増加の余地ともいえる許容度 $\dfrac{x_\infty - x}{x_\infty}$ に比例すると考えて考察を行った. すなわち,

$$\Delta x = \lambda x \frac{x_\infty - x}{x_\infty} \Delta t$$

---

[6] ピエール=フランソワ・フェルフルスト (Pierre–François Verhulst, 1804–1849) はベルギーの数学者.

と仮定した．これから

$$\frac{dx}{dt} = \lambda x \left(1 - \frac{x}{x_\infty}\right)$$

が得られる．この式は次章で説明する変数分離型と呼ばれる微分方程式の一つである．$0 < x < x_\infty$ と考えられるので，

$$\int \frac{1}{x(1 - x/x_\infty)} dx = \int \lambda dt$$

となる．ここで

$$\frac{1}{x(1 - x/x_\infty)} = \frac{x_\infty}{x(x_\infty - x)} = \frac{1}{x} + \frac{1}{x_\infty - x}$$

だから積分すると，C を任意定数として

$$\log x - \log(x_\infty - x) = \log \frac{x}{x_\infty - x} = \lambda t + C$$

を得る．$t = 0$ を代入すると

$$C = \log \frac{x_0}{x_\infty - x_0}.$$

ゆえに

$$\frac{x}{x_\infty - x} = \frac{x_0 e^{\lambda t}}{x_\infty - x_0}.$$

これを x について解くと

$$x = \frac{x_\infty}{1 + \{(x_\infty / x_0) - 1\} e^{-\lambda t}} \tag{12.3}$$

を得る．これより

$$x \to x_\infty, \quad \frac{dx}{dt} \to 0 \quad (t \to \infty)$$

となる．$x = x(t)$ のグラフは**ロジスティック曲線**，あるいは**シグモイド曲線** (ς 曲線，S 字曲線) と呼ばれる**成長曲線**の一つである．

$t_0 = \dfrac{\log((x_\infty/x_0) - 1)}{\lambda}$ とおくことによって，(12.3) は

$$x = \frac{x_\infty}{2} + \frac{x_\infty}{2} \frac{e^{\frac{\lambda}{2}(t-t_0)} - e^{-\frac{\lambda}{2}(t-t_0)}}{e^{\frac{\lambda}{2}(t-t_0)} + e^{-\frac{\lambda}{2}(t-t_0)}} = \frac{x_\infty}{2} + \frac{x_\infty}{2} \tanh \frac{\lambda}{2}(t - t_0)$$

と双曲線正接関数を用いて書き直すことができる.

12.8 刺激に対する反応

人間の感覚器官は刺激に反応する．刺激によって生じる感覚は刺激の関数である．ヴェーバー[7)]とフェヒナー[8)]は刺激の変動によっておこる反応の変動は刺激の変動と刺激の強さとの比に比例することを主張した．例えば，目隠しをした人に 100cc の水の入ったグラスを持たせ，そこに静かに水を注ぐ．グラスの重さが変わったことを気づいたのが 103cc であったとする．200cc の水の入ったグラスを持たせて同様のことをすると 203cc では気づかず，206cc で気づくことが観察されるというのである.

S を刺激の強さ，R をそれによって生じる反応の強さとする．$\Delta R = R(S + \Delta S) - R(S)$ とすれば

$$\Delta R = k\frac{\Delta S}{S}$$

を**ヴェーバー–フェヒナーの法則**という．$\Delta S \to 0$ とすれば

$$\frac{dR}{dS} = \frac{k}{S}$$

となる．これを S で積分すれば

$$\int dR = \int \frac{k}{S} dS$$

より

[7)]エルンスト・ハインリヒ・ヴェーバー (Ernst Heinrich Weber, 1795–1878) はドイツの生理学者，解剖学者.

[8)]グスタフ・テオドール・フェヒナー (Gustav Theodor Fechner, 1801–1887) はドイツの物理学者，哲学者でヴェーバーの弟子.

$$R = k \log S + C$$

となる．感覚が生じる刺激のギリギリの値を閾値(しきいち)という．$S = S_0$ を閾値，$R(S_0) = 0$ とすれば $C = -k \log S_0$．ゆえに

$$R = k \log(S/S_0)$$

となる．激辛カレーで辛さを 2 倍にするには辛みのもと (唐辛子) を 4 倍にしなければならない．

音が聞こえるということは，空気の振動が耳 (脳) を刺激するということである．音の高低は振動数によって決まる．振動数が増えれば音は高く聴こえ，振動数が小さくなれば音は低く聴こえる．音程の感覚 R は振動数 (刺激) S の関数である．音階は人間が等間隔に感じるように決めてある．ヴェーバー–フェヒナーの法則によれば，$R_i = k \log(S_i/S_0)$ として，音階

$$R_1 < R_2 < R_3 < \cdots < R_n$$

が等間隔に聞こえるということは $R_i - R_{i-1} = d$ (一定) であるから，

$$\frac{d}{k} = \log\left(\frac{S_i}{S_0}\right) - \log\left(\frac{S_{i-1}}{S_0}\right) = \log \frac{S_i}{S_{i-1}}$$

ということになる．したがって $e^{d/k} = c$ とおけば

$$S_i = cS_{i-1} = c^{i-1} S_1,$$

すなわち，振動数は等比数列となる．

1 オクターブ上の音というのは振動数が 2 倍になる音をいう．音階の中で，平均律 12 音階は，1 オクターブを 12 等分した音階であり，周波数 (振動数) 440Hz (1 秒間に 440 回振動) の音を「ラ」とし，その振動数に $\sqrt[12]{2}$ (約 1.06) を次々かけて得られたものである．

ことばとイメージ (10)

微分と差分

関数 $y = f(x)$ が微分可能であるためには連続でなければならない (定理 7.2)．すなわち，x の増分 Δx に対応する y の増分 $\Delta y = f(x + \Delta x) - f(x)$ が $\Delta x \to 0$ のとき $\Delta y \to 0$ であることが必要である．ところが，原子数や人口は整数値であって $\Delta t \to 0$ であっても 0 に収束しない．言い換えれば $\Delta y = 1$ となる最小の基本単位時間がある．またウェーバー–フェヒナーの法則においても，変化が知覚される最小の基本単位刺激があると考えられる．このような量を解析する場合に微分法を用いるのが適切であろうか．ここで取り上げた例はいずれも離散的な量が連続量で補間できると仮定して議論を進めた．これに対し離散量は離散量として独立変数の基本単位量を認めて微分法と同様な解析を行うのを**差分法**という．差分法において微分方程式に対応するものが**差分方程式**である．コンピュータが計算するのは基本的に離散量であり，微分方程式は差分方程式として (近似的に) 解かれる．

1階微分方程式

不定積分は，導関数から元の関数を求めるものであったが，それを一般化して，未知関数とその導関数を含んだ式から未知関数を求めるという 1 階微分方程式を考察する．

本章のキーワード

微分方程式，解，変数分離形，一般解，特殊解，特異解，同次形，1 階線形

13.1　1 階の微分方程式

未知数 x を含む等式

$$x^2 + 2x - 3 = 0$$

は，これを満たす数 x を求めることを考えるとき，**代数方程式** (この場合 2 次方程式) という．これに対し，変数 x と x の関数 (未知関数) y と y の導関数 y' を含んだ等式

$$y' = xy \tag{13.1}$$

を**微分方程式**という．この等式を成り立たせる関数 $y = f(x)$，すなわち

$$f'(x) = xf(x)$$

を満たす関数 $f(x)$ を微分方程式 (13.1) の**解**といい，解を求めることを微分方程式を**解く**という．5 次以上の代数方程式には解の存在は分かっていても，解の公式がないように，代数方程式はいつでも解けるとは限らない．それと同様に，微分方程式も解の存在が保証されるときでも，解けるわけではない．

微分方程式 (13.1) は導関数としては 1 階の導関数しか含まれていない．そのために **1 階微分方程式**という．

13.2　変数分離形

次の形をした微分方程式を**変数分離形**の 1 階微分方程式という．

$$y' = f(x)g(y) \tag{13.2}$$

この形の微分方程式を解くには，$g(y) \neq 0$ であれば

$$\frac{1}{g(y)}y' = f(x)$$

として x, y に関係するものをそれぞれ右辺と左辺に分け (このことを変数を分離するという)．両辺の不定積分

$$\int \frac{1}{g(y)}\frac{dy}{dx}dx = \int f(x)dx$$

を考えるとこれは

$$\int \frac{dy}{g(y)} = \int f(x)dx$$

であるが，両辺を計算した上で y を x で表せば解が得られる．不定積分であるから，解は積分定数となる任意定数を一つ含む．最初に除外した $g(y) = 0$ を満たす $y = y_0$ が与えられた微分方程式を満たすかどうかは別に吟味する．

例 13.1

$$y' = xy \tag{13.3}$$

を解いてみよう．$y \neq 0$ のとき

$$\frac{dy}{dx} = xy$$

を変数分離して積分すれば

$$\int \frac{dy}{y} = \int x dx$$

である．この不定積分を計算すると

$$\log|y| = \frac{x^2}{2} + C \qquad (C: \text{積分定数})$$

となる．ここで積分定数は両辺に出てきたものを，移項して右辺にまとめている．したがって

$$|y| = e^{\frac{x^2}{2}+C}$$

となり

$$y = \pm e^C e^{\frac{x^2}{2}}$$

である．ここで $c = \pm e^C$ とおけば，

$$y = ce^{\frac{x^2}{2}} \tag{13.4}$$

が得られる．ここで $c = \pm e^c \neq 0$ であるが，除外した $y = 0$ も (13.3) の解であるから，$c = 0$ もよいことにすれば，この解は (13.4) に含まれる．したがって解は，すべての定数 c に対する (13.4) ということになる． ◇

(13.4) のように積分定数を含んだ解を**一般解**という．これに対して，積分定数を特定の値にした解を**特殊解**という．一般解はできるだけ多くの解を含むように選ばれるのがよいが，方程式によっては一般解に含まれない解をもつことがある．

例 13.2 変数分離形の微分方程式

$$(x^2 + 1)y' = 2xy$$

を解く．$y = 0$ は解である．$y \neq 0$ のときは

$$\int \frac{dy}{y} = \int \frac{2x}{x^2+1} dx$$

となり，定数 c により

$$\log|y| = \log(x^2+1) + c$$

と表される．これより

$$y = \pm e^c (x^2+1)$$

であるから，C を 0 も許す任意定数とすれば，解 $y=0$ も含む一般解

$$y = C(x^2+1)$$

が得られる．　◇

13.3　同次形

次の形をした微分方程式を**同次形**の 1 階微分方程式という：

$$y' = f\left(\frac{y}{x}\right). \tag{13.5}$$

この形の微分方程式は $u = \dfrac{y}{x}$ として変数変換をする．$y = ux$ であるから x で微分すれば，$y' = u'x + u$ となって，方程式は

$$u'x + u = f(u)$$

離となる．これは変数分離形である．

例 13.3　微分方程式

$$xyy' = x^2 + y^2$$

を解く．

$$y' = \frac{x^2+y^2}{xy} = \frac{x}{y} + \frac{y}{x}$$

であるから同次形である．

$u = \dfrac{y}{x}$ とおいて上の変形をすれば

$$u'x = \frac{1}{u} + u - u = \frac{1}{u}$$

となる．変数分離して積分すれば

$$\int u du = \int \frac{1}{x} dx$$

であり，

$$\frac{u^2}{2} = \log|x| + C.$$

ここで $u = \dfrac{y}{x}$ を代入すると

$$\frac{y^2}{2x^2} = \log|x| + C$$

となり

$$y^2 = 2x^2(\log|x| + C)$$

が得られる．◇

13.4　1 階線形微分方程式

✤ 1 階線形微分方程式

二つの連続関数 $P(x)$, $Q(x)$ によって与えられる

$$y' + P(x)y = Q(x) \tag{13.6}$$

の形をした微分方程式を 1 **階線形微分方程式**という．

✤ 1 階斉次線形微分方程式

微分方程式 (13.6) の右辺を 0 とおいた微分方程式

$$y' + P(x)y = 0 \tag{13.7}$$

を 1 階線形**斉次方程式**または**同次方程式**という．これに対して，(13.6) を (1 階線形) 非斉次方程式という．

$y=f(x)$ が斉次方程式 (13.7) の解であるとすると，この方程式は変数分離形であるから，$y\neq 0$ であれば

$$\int \frac{dy}{y} = -\int P(x)dx + c$$

となるから，$C=\pm e^c$ とおけば

$$y = Ce^{-\int P(x)dx} \tag{13.8}$$

となる．$C=0$ も許せば解 $y=0$ も含む一般解である．

✤ 1 階線形非斉次微分方程式の特殊解

非斉次方程式 (13.6) の解を見つけるために，付随する斉次方程式 (13.7) の一般解 (13.8) の任意定数 C が x の関数となっている (それを $u(x)$ とする) もので，(13.6) の解となるものを探す (**定数変化法**).

$$y = u(x)e^{-\int P(x)dx}, \quad y' = u'e^{-\int Pdx} - uPe^{-\int Pdx}$$

であるから，$y'+Py=Q$ に代入すると，

$$u'e^{-\int Pdx} = Q$$

となり

$$u' = e^{\int Pdx}Q$$

である．したがって，

$$u = \int e^{\int Pdx}Qdx$$

ととれば，

$$y = e^{-\int P(x)dx}\int e^{\int P(x)dx}Q(x)dx \tag{13.9}$$

は (13.6) の一つの解，すなわち特殊解である．

✤ 1 階非斉次線形微分方程式の一般解

$y=h(x)$ を非斉次方程式 (13.6) の一般解とし，特殊解 (13.9) を $y=g(x)$ として

$$z=h(x)-g(x)$$

とおくと

$$z'+Pz=(h'+Ph)-(g'+Pg)=Q-Q=0$$

であるから，$h(x)$ は (13.7) の解となり，§13.4 の結論より

$$h(x)-g(x)=ce^{-\int P(x)dx}$$

を満たす定数 c が存在する．したがって，$h(x)=g(x)+ce^{-\int P(x)dx}$ より，線形微分方程式 (13.6) の一般解は

$$h(x)=e^{-\int P(x)dx}\left(\int e^{\int P(x)dx}Q(x)dx+c\right) \tag{13.10}$$

で与えられる．微分方程式を解くとは，すべての解を求めることある．以上の議論より，この公式はすべての解を含んでいる．この公式で $\displaystyle\int P(x)dx$ は $P(x)$ の原始関数を一つ選んでおけばよい．

例 13.4　$\boldsymbol{y'+xy=2y}$

(13.10) を用いて

$$y'+xy=2x$$

を解いてみよう．$\displaystyle\int xdx=\frac{x^2}{2}$ であるから，解は

$$\begin{aligned} y&=e^{-\frac{x^2}{2}}\left\{\int 2xe^{\frac{x^2}{2}}dx+C\right\}\\ &=e^{-\frac{x^2}{2}}(2e^{\frac{x^2}{2}}+C)=2+Ce^{-\frac{x^2}{2}} \end{aligned}$$

となる．◇

❖ 課外授業 13.1　解の存在と一意性

変数が x の未知関数 $y = y(x)$ についての 1 階の微分方程式の一般形は $F(x, y, y') = 0$ の形であるが，これを

$$\frac{dy}{dx} = f(x, y) \tag{13.11}$$

の形に書き直したものは**正規形**と呼ばれる．以下では連続な $f(x, y)$ で表すことができる正規形を考える．微分方程式 (13.11) の解で，与えられた (x_0, y_0) に対して**初期条件**

$$y(x_0) = y_0 \tag{13.12}$$

を満たす解を求める問題を**初期値問題**，あるいは**コーシー問題**という．

例えば，連続関数 $f(x)$ に対して，初期値問題

$$y' = f(x), \quad f(x_0) = y_0$$

は

$$y = y_0 + \int_{x_0}^{x} f(t)dt$$

として解ける．初期条件 (13.12) の方程式 (13.11) が C^1 級の解 $y = y(x)$ を持てば，

$$y'(x) = f(x, f(x))$$

を積分して

$$y(x) = y_0 + \int_{x_0}^{x} f(t, y(t))dt \tag{13.13}$$

となる．逆に (13.13) を満たす $y = y(x)$ は初めに与えた初期値問題の解になる．

いま，a に依存する線群 $y = (x - a)^3$ が満たす微分方程式

$$y' = y^{2/3}$$

は a に関係せず共通である．さらにこの方程式は $y = 0$ という解を持っていて，各曲線は $x = a$ で x 軸に接している．したがって

$$y(x) = \begin{cases} 0 & (x < a) \\ (x - a)^3 & (x \geqq a) \end{cases}$$

はすべて解であり，$a \geqq 0$ であれば，すべて $y(0) = 0$ を満たす．すなわち，$y(0) = 0$

を満たす解は無数にあることになる．しかし，$f(x, y)$ がある条件を満たせば，与えられた初期値問題の解はただ一つ存在することが証明される．その条件は次のリプシッツ条件である．

リプシッツ[1]**条件**　(x_0, y_0) を含む長方形閉領域

$$[x_0 - r, x_0 + r] \times [y_0 - \rho, y_0 + \rho] = \{(x, y) | |x - x_0| \leqq r, |y - y_0| \leqq \rho\}$$

において $f(x, y)$ が連続で

$$|f(x, y_1) - f(x, y_2)| \leqq K|y_1 - y_2|$$
$$(x, y_1), (x, y_2) \in [x_0 - r, x_0 + r] \times [y_0 - \rho, y_0 + \rho]$$

を満たす定数 $K > 0$ がある．

$f(x, y)$ がこの条件を満たすとき，M を閉領域 $[x_0 - r, x_0 + r] \times [y_0 - \rho, y_0 + \rho]$ における $f(x, y)$ の最大値とし，λ を r と $\dfrac{\rho}{M}$ の小さい方とすれば，微分方程式

$$y' = f(x, y)$$

には $[x - \lambda, x + \lambda]$ において $y(x_0) = y_0$ を満たす解がただ一つ存在する．(**コーシー–リプシッツの定理**) 線形微分方程式 (13.6) の場合は $f(x, y) = -P(x)y + Q(x)$ であるから，$P(x), Q(x)$ が区間 $[a, b]$ で連続であれば $K = \max\limits_{a \leqq x \leqq b} |P(x)|$ として $[a, b]$ でリプシッツ条件が満たされる．

証明の詳細は省略するが，解の構成 (**解の存在**の証明) は次のようにする．まず，

$$y_1(x) = y_0 + \int_{x_0}^{x} f(t, y_0)dt$$

とおき，$n \geqq 2$ に対して

$$y_n(x) = y_{n-1}(x) + \int_{x_0}^{x} f(t, y_{n-1}(t))dt \tag{13.14}$$

と定義する．するとリプシッツ条件から，これらの関数が x の区間 $I = [x_0 - \lambda, x_0 + \lambda]$ においてうまく定義され，$\lim\limits_{n \to \infty} y_n(x)$ が存在することが証明される．(13.14) にお

[1]ルドルフ・リプシッツ (Rudolf Otto Sigismund Lipschitz, 1832–1903) はドイツの数学者．

いて $n \to \infty$ とすれば，極限と積分の順序を交換できることが分かり，極限関数を $y = y(x)$ とすれば

$$y(x) = y_0 + \int_{x_0}^{x} f(t,\, y(t))dt$$

となり，$y = y(x)$ が I における初期値問題の解となる．このように函数列 $\{y_n(x)\}$ によって解を近似していく方法を**ピカール**[2)]**の逐次近似法**という．

さらに，$f(x,\, y)$ が $(x_0,\, y_0)$ を内部に含む $[a,\, b] \times [c,\, d]$ でリプシッツ条件を満たす連続関数であれば，$y' = f(x,\, y)$ の二つの解 $y = f(x)$ と $y = g(x)$ が $f(x_0) = g(x_0)$ であれば，$f(x) = g(x)$ であること (**一意性**) を証明することができる．

---

2)エミール・ピカール (Charles Émile Picard, 1856–1941) はフランスの数学者．

演習問題 13

A. 確認問題

次のそれぞれの記述の正誤を判定せよ．

1. 微分方程式 $y' = \dfrac{x}{y}$ を解くには

$$\int y dy = \int x dx$$

となり，c を任意定数として $\dfrac{y^2}{2} = \dfrac{x^2}{2} + c$ が得られる．ゆえに，$y^2 = x^2 + 2c$ となり

$$y = \sqrt{x^2 + C}, \quad y = -\sqrt{x^2 + C}$$

が解である．ただし，C は定数．

2. $\dfrac{xy^2y'}{x^2+1} = 1$ は変数分離形の微分方程式である．

3. $y^3y' + xy + y = 1$ は変数分離形の微分方程式である．

4. $y^2y' + x^2 + y^2 = 0$ は同次形の微分方程式である．

5. $xyy' + xy + 1 = 0$ は同次形の微分方程式である．

6. 1 階線形微分方程式

$$y' + P(x)y = Q(x)$$

の解の公式は

$$y = e^{\int P(x)dx}\left(\int Q(x)e^{\int P(x)dx}dx + c\right)$$

である．

7. 1 階線形微分方程式

$$y' + \frac{1}{x}y = \frac{1}{x}$$

を $x > 0$ の範囲で解くと，定数和を別にして

$$\int \frac{1}{x}dx = \log x$$

だから，解の公式より

$$y = e^{-\log x}\left(\int \frac{1}{x}e^{\log x}dx + c\right)$$

$$= \frac{1}{x}\left(\int 1dx + c\right) = \frac{1}{x}(x+c) = 1 + \frac{c}{x}.$$

8. 1 階線形微分方程式

$$y' + \frac{1}{x}y = x$$

を $x < 0$ の範囲で解くと，定数和を別にして

$$\int \frac{1}{x}dx = \log(-x)$$

だから解の公式より

$$y = e^{-\log(-x)}\left(\int xe^{\log(-x)}dx + c\right)$$

$$= \frac{1}{-x}\left(\int x(-x)dx + c\right) = -\frac{1}{x}\left(-\frac{x^3}{3} + c\right) = \frac{x^2}{3} - \frac{c}{x}.$$

第14章 2階線形微分方程式

未知関数およびその2次までの導関数を含んだ式から，未知関数を求めるという2階の微分方程式の中でも，線形と呼ばれるものの解法を解説する．2階線形微分方程式で表されるものにばねの振動，あるの種の化学変化，電気回路などがある．

本章のキーワード

2階線形微分方程式，付随する斉次方程式，1次独立，
基本解，ロンスキアン，単振動振幅，初期位相，直線解，共鳴

14.1 2階線形微分方程式

x についての三つの連続関数 $P(x)$, $Q(x)$, $R(x)$ によって与えられる

$$y'' + P(x)y' + Q(x)y = R(x) \tag{14.1}$$

の形をした微分方程式を，**2階線形微分方程式**という．ここで未知関数 y は x の関数とする．この章では，物理学等でもたびたび現れる2階線形微分方程式を取り扱う．

この方程式については1階線形微分方程式と同様に初期値問題 (解の存在と一意性) が成り立つ．この場合は初期条件として，$y(x_0) = y_0$ と $y'(x_0) = v_0$ を考える．

14.2　連立 1 次方程式

まず，準備として x と y を未知数とする連立 1 次方程式に対する定理を述べておく．

定理 14.1　x, y を未知数とする連立 1 次方程式

$$\begin{cases} ax+by=e \\ cx+dy=f \end{cases}$$

は，$ad-bc\neq 0$ ならば

$$x=\frac{ed-bf}{ad-bc}, \quad y=\frac{af-ec}{ad-bc}$$

が解である．

証明は代入すればすぐに分かる．後で用いるのは，これらの解の形ではなく，条件 $ad-bc\neq 0$ が満たされるときは，解が存在し，しかもただ一つ存在するということである．

14.3　2 階線形斉次微分方程式

✤ 2 階線形微分方程式

2 階線形微分方程式 (14.1) の右辺が 0 の場合，すなわち

$$y''+P(x)y'+Q(x)y=0 \tag{14.2}$$

という形をした方程式を，2 階の**線形斉次微分方程式**または**線形同次微分方程式**という．微分方程式 (14.1) を考えるときは，(14.2) を (14.1) に**付随する**斉次方程式という．この方程式 (14.2) の解について 3 段階に分けて説明する．

1° 二つの関数 $f(x)$ と $g(x)$ が斉次方程式 (14.2) の解であるとする．このとき

$$W[f,\, g](x) = f(x)g'(x) - f'(x)g(x) \tag{14.3}$$

とおけば，

$$W[f,\, g](x) = Ce^{-\int P(x)dx} \tag{14.4}$$

を満たす定数 C が存在する．

このことは次のようにして分かる．まず $W[f,\, g](x)$ を x で微分すると，

$$\begin{aligned} W[f,\, g]'(x) &= \{f'(x)g'(x) + f(x)g''(x)\} - \{f''(x)g(x) + f'(x)g'(x)\} \\ &= f(x)g''(x) - f''(x)g(x) \end{aligned}$$

である．これに $f(x)$, $g(x)$ が (14.2) の解であることから得られる

$$f''(x) = -P(x)f'(x) - Q(x)f(x), \quad g''(x) = -P(x)g'(x) - Q(x)g(x)$$

を代入すれば，

$$\begin{aligned} W[f,\, g]'(x) &= f(x)(-P(x)g'(x) - Q(x)g(x)) \\ &\qquad - (-P(x)f'(x) - Q(x)f(x))g(x) \\ &= -P(x)(f(x)g'(x) - f'(x)g(x)) \end{aligned}$$

が導かれる．これは関数 $W[f,\, g](x)$ が微分方程式

$$W[f,\, g]'(x) = -P(x)W[f,\, g](x)$$

を満たすことを示している．したがって，§13.4 より (14.4) が成り立つ．

2° 次に (14.2) の二つの解 $f(x)$, $g(x)$ について，

$$W[f,\, g](a) = 0$$

を満たす a が存在し，$f(x) \neq 0$ ならば，$g(x) = cf(x)$ を満たす定数 c が存在することを示すことができる．なぜなら，(14.4) より $W[f,\, g](a) = 0$ となる a があれば定数 C は 0 でなければならないので，すべての x において $W[f,\, g](x) = 0$ となる．いま $z(x) = \dfrac{g(x)}{f(x)}$ とおけば

$$z'(x) = \frac{g'(x)f(x) - f'(x)g(x)}{\{f(x)\}^2} = \frac{W[f,\, g](x)}{\{f(x)\}^2} = 0$$

となり，$z(x) = c$ を満たす定数 c が存在するので，$g(x) = cf(x)$ となる．

逆に，$g(x) = cf(x)$ を満たす定数 c が存在するときには，

$$\begin{aligned} W[f,\, g] &= f(x)\{cf(x)\}' - f'(x)\{cf(x)\} \\ &= c\{f(x)f'(x) - f'(x)f(x)\} = 0 \end{aligned}$$

となる．

3° すべての x で $W[f,\, g](x) \neq 0$ が成り立つ場合は，**2°** より，二つの解 f と g は一方が他方の定数倍ということはない．このようなとき $f(x)$ と $g(x)$ は **1 次独立**であるという．このとき，(14.2) の勝手な解 $h(x)$ をとれば，

$$h(x) = c_1 f(x) + c_2 g(x) \tag{14.5}$$

となる定数 c_1, c_2 が存在する．実際，すべての x で $h(x) = 0$ となる解 $h(x)$ については，$c_1 = c_2 = 0$ とすれば (14.5) を満たすので，$h(a) \neq 0$ となる a があるとする．c_1, c_2 を未知数とする連立 1 次方程式

$$\begin{cases} c_1 f(a) + c_2 g(a) = h(a) \\ c_1 f'(a) + c_2 g'(a) = h'(a) \end{cases}$$

は条件 $W[f,\, g](a) = f(a)g'(a) - f'(a)g(a) \neq 0$ と，定理 14.1 より，解が存在する．その解 c_1, c_2 を考えれば

$$\begin{aligned} W[h,\, c_1 f + c_2 g](a) &= h(a)(c_1 f'(a) + c_2 g'(a)) - h'(a)(c_1 f(a) + c_2 g(a)) \\ &= 0 \end{aligned}$$

を満たす．したがって，**2°** より

$$c_1 f(x) + c_2 g(x) = ch(x)$$

を満たす c が存在する．ところが $h(a) = c_1 f(a) + c_2 g(a) \neq 0$ であるから $c = 1$ でなければならない．したがって，すべての x において (14.5) が成り立つ．

(14.2) の解の組 f, g が 1 次独立のとき，**基本解**という．それは (14.2) の勝手な解は f と g のそれぞれの定数倍の和として表すことができるからである．

以上により，2 階線形斉次微分方程式 (14.2) のすべての解を求める方針が示された．

(14.3) で定義される関数 $W[f, g]$ を，f と g の**ロンスキアン**という[1]．

✤ 複素指数関数の導関数

§11.7 において複素変数 $z = x + iy$ (x, y は実数) の指数関数 e^z は $e^z = e^x e^{iy}$ によって定義された．複素数 $\alpha = a + ib$ (a, b は実数) を用いた複素指数関数 $e^{\alpha x}$ の変数 x に関する導関数は，§5.7 によって計算すれば，

$$(e^{\alpha x})' = \alpha e^{\alpha x} \tag{14.6}$$

となる．

なぜならば，α の実部と虚部をそれぞれ a, b として $\alpha = a + bi$ とするとき，

$$\begin{aligned} e^{\alpha x} &= e^{ax} e^{bxi} \\ &= e^{ax}(\cos bx + i \sin bx) \\ &= e^{ax} \cos bx + i e^{ax} \sin bx \end{aligned}$$

となるが，導関数についての等式

$$(e^{ax})' = ae^{ax}, \quad (\cos bx)' = -b \sin bx, \quad (\sin bx)' = b \cos bx$$

によって，

$$\begin{aligned} (e^{\alpha x})' = ae^{ax} &\times \cos bx + e^{ax} \times (-b \sin bx) \\ &+ i(ae^{ax} \times \sin bx + e^{ax} \times b \cos bx) \\ = e^{ax}&(a + bi) \cos bx + e^{ax}(-b + ai) \sin bx \end{aligned}$$

---

[1] ロンスキアンはロンスキー行列式ともいわれ，ジョゼフ・マリア・ハーネー=ウロンスキー (Jóseph Maria Hoëne–Wroński, 1778–1853) の研究から生まれた．ウロンスキーはポーランド生まれのフランスの数学者．哲学，法学，経済学，物理学などの研究も行った．

$$= (a+bi)e^{ax}(\cos bx + i\sin bx)$$
$$= (a+bi)e^{ax}e^{ibx} = \alpha e^{\alpha x}$$

となるからである．

✤ 微分方程式 $y'' = k^2 y$

k を正の定数とするとき，微分方程式

$$y'' = k^2 y \tag{14.7}$$

を考える．$y = e^{\alpha x}$ を (14.7) の解とすると (14.6) より

$$y' = \alpha e^{\alpha x}, \quad y'' = \alpha^2 e^{\alpha x}$$

であるから

$$\alpha^2 e^{\alpha x} = k^2 e^{\alpha x}$$

となる．$e^{\alpha x} \neq 0$ であるから，$\alpha^2 = k^2$ であり，$\alpha = \pm k$ が得られる．したがって, $x = e^{kx}$ と $x = e^{-kx}$ は (14.7) の解である．$\dfrac{e^{kx}}{e^{-kx}} = e^{2kx}$ は定数ではないから 1 次独立な解，すなわち基本解である．§14.3 の **3°** より (14.7) の一般解は

$$y = c_1 e^{kx} + c_2 e^{-kx} \qquad (c_1,\ c_2 \text{は定数})$$

となる．

✤ 微分方程式 $y'' = -k^2 y$

k を正の定数とするとき，微分方程式

$$y'' = -k^2 y \tag{14.8}$$

を考える．$y = e^{\alpha x}$ を (14.8) の解とすると，14.6 より $y' = \alpha e^{\alpha x}$，$y'' = \alpha^2 e^{\alpha x}$ であるから，

$$\alpha^2 e^{\alpha x} = -k^2 e^{\alpha x}$$

となり，$e^{\alpha t} \neq 0$ であることより，$\alpha^2 = -k^2$，$\alpha = \pm ki$ となる．したがって，$y = e^{kxi}$ と $y = e^{-kxi}$ はともに (14.8) の解で基本解となる．さらに，c_1 および c_2 を定数とするとき，$y = c_1 e^{kxi} + c_2 e^{-kxi}$ が (14.8) の解であることを示すことができる．

$$\begin{aligned} y &= c_1 e^{kxi} + c_2 e^{-kxi} \\ &= c_1(\cos kx + i \sin kx) + c_2(\cos kx - i \sin kx) \\ &= (c_1 + c_2)\cos kx + (c_1 - c_2) i \sin kx \end{aligned}$$

であるから，$y = \cos kx$ および $y = \sin kx$ も (14.8) の解となる．$\dfrac{\sin kx}{\cos kx} = \tan kx$ は定数ではないから，$y = \cos kx$ と $y = \sin kx$ は (14.8) の基本解となる．§14.3 の **3°** より (14.8) の一般解は

$$y = c_1 \cos kx + c_2 \sin kx \qquad (c_1,\ c_2 \text{は定数}) \tag{14.9}$$

となる．

(14.9) において

$$A = \sqrt{c_1^2 + c_2^2}$$

とおけば

$$y = A\left(\sin kx \frac{c_2}{A} + \cos kx \frac{c_1}{A}\right)$$

であるから

$$\cos kx_0 = \frac{c_2}{A}, \quad \sin kx_0 = \frac{c_1}{A}$$

となるような x_0 をとれば，三角関数の加法定理によって，

$$y = A(\sin kx \cos kx_0 + \cos kx \sin kx_0) = A \sin k(x + x_0) \tag{14.10}$$

となり，解は一つのサイン関数で表すことができる．これを**単振動の合成**という．すべての x で $|y(x)| \leqq A$ であり，$k(x + x_0) = 2n\pi + \dfrac{\pi}{2}$ $(n = 0, \pm 1, \pm 2, \cdots)$ においては $y = A$，$k(x + x_0) = 2n\pi - \dfrac{\pi}{2}$ $(n = 0, \pm 1, \pm 2, \cdots)$ においては

$y=-A$ となる．A を**振幅**という．$\sin x$ の周期が 2π であることより (14.10) の関数の周期は $\dfrac{2\pi}{k}$ である．kx_0 は**初期位相**と呼ばれる．

この方程式で見てきたように基本解の取り方は一通りではない．

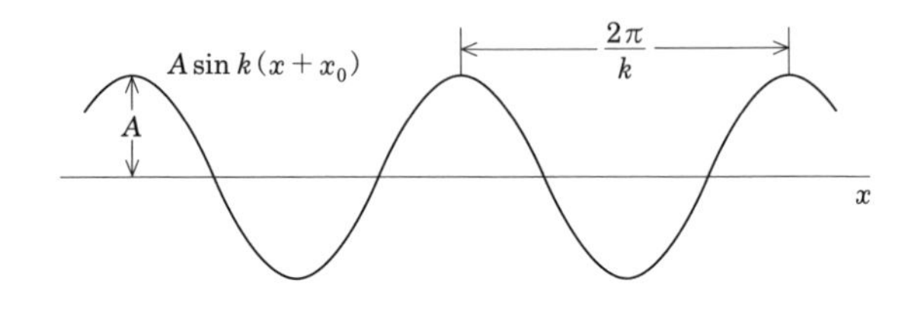

図 14.1　単振動

✤ 微分方程式 $y''=0$

$$y''=0 \tag{14.11}$$

を考える．両辺の不定積分を 2 回とれば，

$$y'=c_1$$

$$y=c_1x+c_2$$

となる (c_1, c_2 は定数)．

$y=1$ および，$y=x$ は (14.11) の解であり，$\dfrac{x}{1}$ は定数ではないから基本解である．§14.3 の **3°** より (14.11) の一般解は

$$y=c_1x+c_2 \qquad (c_1,\ c_2 \text{は定数})$$

となる．解は 1 次関数で**直線解**と呼ばれる．

14.4　微分方程式 $y''+py'+qy=0$

前節までの議論より，q を定数とする微分方程式

$$y'' = -qy \tag{14.12}$$

について，$q < 0$ のときは実指数関数解，$q > 0$ のときは周期解 (三角関数解)，$q = 0$ のときは直線解 (1 次関数解) が得られた．物理学において，第 2 次導関数は加速度を意味し，加速度と質量の積は力である (ニュートンの運動の法則) から，上の解は，(質量を 1 として) 原点からの位置に比例した力が原点から離れる方向にかかる場合，原点から位置に比例した力が原点の方向にかかる場合 (バネの振動など)，および力がかからない場合に対応している．

ばねの振動などにおいて，さらに速度に比例する摩擦 (抵抗) 力がかかる現象は

$$y'' = -py' - qy$$

という形の微分方程式で表すことができる．ただし，p は摩擦 (抵抗) に関わる定数である．この形の方程式，あるいは移項した

$$y'' + py' + qy = 0 \tag{14.13}$$

は**定数係数** 2 階線形斉次微分方程式といわれる．ここでは p, q は実数であるとしておく．α を複素数として指数関数 $y = e^{\alpha x}$ で (14.13) の解になるものを探す．すると

$$y'' + py' + qy = (\alpha^2 + p\alpha + q)e^{\alpha x} = 0$$

となり

$$\alpha^2 + p\alpha + q = 0$$

が成り立つ．これは α が 2 次方程式

$$t^2 + pt + q = 0$$

の解になるということである．この 2 次方程式を (14.13) の**特性方程式**という．(14.7), (14.8), (14.11) および次に述べる §14.4 の例は特性方程式の解という見地から統一的に見ることができる．

特性方程式の解は解の公式より

$$t = \frac{-p \pm \sqrt{p^2 - 4q}}{2}$$

である．この二つの解を $\alpha = t = \dfrac{-p + \sqrt{p^2 - 4q}}{2}$，$\beta = t = \dfrac{-p - \sqrt{p^2 - 4q}}{2}$ とおけば，$p^2 - 4q \neq 0$ のとき $e^{\alpha x}$ と $e^{\beta x}$ は (14.13) の基本解である．

$p^2 - 4q > 0$ のとき α と β は相異なる実数であり，一般解は

$$y = c_1 e^{\alpha x} + c_2 e^{\beta x}$$

である．

$p^2 - 4q < 0$ のとき，$a = -\dfrac{p}{2}$，$b = \dfrac{\sqrt{4q - p^2}}{2}$ とおけば，$\alpha = a + bi, \beta = a - bi = \overline{\alpha}$ であるから，基本解は

$$e^{\alpha x} = e^{ax + ibx} = e^{ax}(\cos bx + i \sin bx)$$

$$e^{\beta x} = e^{ax - ibx} = e^{ax}(\cos bx - i \sin bx)$$

である．したがって

$$e^{ax} \cos bx = \frac{e^{\alpha x} + e^{\beta x}}{2}, \quad e^{ax} \sin bx = \frac{e^{\alpha x} - e^{\beta x}}{2i}$$

もまた基本解になる．

$p^2 - 4q = 0$ のとき，$\alpha = \beta$ となって基本解を得るには $e^{\alpha x}$ とは 1 次独立な解が必要になる．$t^2 + pt + q = (t - \alpha)^2$ であるから，$p = -2\alpha, q = \alpha^2$ である．そのとき $u = xe^{\alpha x}$ とおけば

$$u' = (1 + \alpha x)e^{\alpha x}, \quad u'' = (2\alpha + \alpha^2 x)e^{\alpha x}$$

であるから

$$u'' + pu' + qu = \{2\alpha + \alpha^2 x - 2\alpha(1 + \alpha x) + \alpha^2 x\}e^{\alpha x} = 0$$

となり，u も (14.13) の解である．しがって

$$xe^{\alpha x}, \quad e^{\alpha x}$$

は基本解である．(14.11) の例はこれの特別な場合である．

例 14.1 微分方程式

$$y'' + 4y' + 5y = 0 \tag{14.14}$$

を解く．この微分方程式の特性方程式は

$$t^2 + 4t + 5 = 0$$

であり，解は

$$t = -2 \pm \sqrt{4-5} = -2 \pm i$$

となる．したがって，$y = e^{-(2+i)x}$ と $y = e^{-(2-i)x}$ は (14.14) の解である．c_1 と c_2 を定数とするとき，$y = c_1 e^{-(2+i)x} + c_2 e^{-(2-i)x}$ も (14.14) の解であることを示すことができる．

$$\begin{aligned} y &= c_1 e^{-(2+i)x} + c_2 e^{-(2-i)x} \\ &= c_1 e^{-2x}(\cos x - i \sin x) + c_2 e^{-2x}(\cos x + i \sin x) \\ &= (c_1 + c_2) e^{-2x} \cos x - (c_1 - c_2) i e^{-2x} \sin x \end{aligned}$$

であるから，$y = e^{-2x} \cos x$ および $y = e^{-2x} \sin x$ が (14.14) の解となり，

$$\begin{aligned} &W[e^{-2x} \cos x, e^{-2x} \sin x](x) \\ &\quad = e^{-2x} \cos x(-2e^{-2x} \sin x + e^{-2x} \cos x) \\ &\qquad\quad - (-2e^{-2x} \cos x - e^{-2x} \sin x) e^{-2x} \sin x \\ &\quad = e^{-4x} > 0 \end{aligned}$$

を満たすので基本解である．したがって，(14.14) の一般解は

$$\begin{aligned} y &= c_1 e^{-2x} \cos x + c_2 e^{-2x} \sin x \\ &= e^{-2x}(c_1 \cos x + c_2 \sin x) \qquad (c_1,\ c_2 \text{は定数}) \end{aligned}$$

となる．

$c_1 \cos x + c_2 \sin x$ を §14.3 の方法で三角関数の合成を行えば

$$y = A e^{-2x} \sin(x + x_0)$$

となる. ◇

一般に, $x = Ae^{-rx}\sin(k(x + x_0))$ $(A > 0,\ r > 0)$ は図 14.2 のように振動しながら減衰する. これは抵抗の項の影響によるものである.

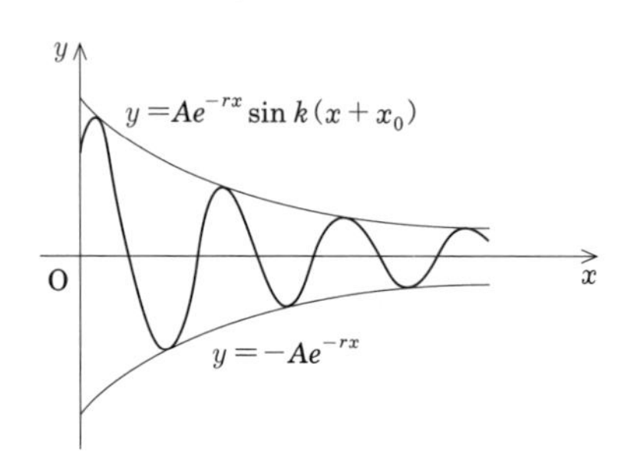

図 **14.2**　減衰振動 $x = Ae^{-rx}\sin(k(x + x_0))$ $(A > 0,\ r > 0)$

14.5　非斉次方程式の解

2 階線形微分方程式

$$y'' + P(x)y' + Q(x)y = R(x) \tag{14.15}$$

に付随する斉次方程式

$$y'' + P(x)y' + Q(x)y = 0 \tag{14.16}$$

の基本解が分かっているとき, **定数変化法**によって非斉次方程式の一般解を得る方法を述べよう. $f(x)$ と $g(x)$ を (14.16) の基本解とすれば (14.16) の一般解は c_1, c_2 を任意定数として

$$y = c_1 f(x) + c_2 g(x)$$

と表される. この定数 c_1, c_2 を x の関数 $u_1 = u_1(x)$, $u_2 = u_2(x)$ で置き換えたもの

$$y = u_1 f(x) + u_2 g(x)$$

で (14.17) の解になる u_1, u_2 を求める．y', y'' を計算して (14.17) に代入すれば u_1, u_2 についての一つの方程式が得られる．未知関数が二つであるから，u_1, u_2 が定数であれば当然満たされる条件

$$u_1'f(x) + u_2'g(x) = 0$$

を満たすようにする．すると

$$\begin{aligned} y' &= (u_1'f + u_1f') + (u_2'g + u_2g') = u_1f' + u_2g', \\ y'' &= u_1'f' + u_2'g' + u_1f'' + u_2g'' \end{aligned}$$

を (14.17) に代入すると

$$\begin{aligned} R &= u_1'f' + u_2'g' + u_1f'' + u_2g'' + P(u_1f' + u_2g') + Q(u_1f + u_2g) \\ &= u_1'f' + u_2'g' + u_1(f'' + Pf' + Qf) + u_2(g'' + Pg' + Qg) \\ &= u_1'f' + u_2'g' \end{aligned}$$

となる．こうして u_1', u_2' についての連立方程式

$$\begin{cases} fu_1' + gu_2' = 0 \\ f'u_1' + g'u_2' = R(x) \end{cases}$$

が得られる．f と g が 1 次独立であるから $W[f, g] = fg' - f'g \neq 0$ である．したがって，定理 14.1 によって

$$u_1' = \frac{-Rg}{W[f, g]}, \quad u_2' = \frac{Rf}{W[f, g]}.$$

こうして次の定理が得られた．

定理 14.2 2 階線形微分方程式

$$y'' + P(x)y' + Q(x)y = R(x) \tag{14.17}$$

について，付随する斉次方程式の二つの解 $y = f(x)$，$y = g(x)$ が基本解

とするとき，

$$\begin{cases} u_1(x) = -\displaystyle\int \frac{R(x)g(x)}{W[f,\, g](x)}dx + c_1 \\ u_2(x) = \displaystyle\int \frac{R(x)f(x)}{W[f,\, g](x)}dt + c_2 \end{cases} \tag{14.18}$$

とすれば

$$y = u_1(x)f(x) + u_2(x)g(x) \tag{14.19}$$

は (14.17) の一般解となる．

(14.19) は (14.17) の一般解が $c_1 = c_2 = 0$ とおいた (14.17) の特殊解と付随する斉次方程式の一般解 $c_1f(x) + c_2g(x)$ の和として

$$y = \{u_1(x)f(x) + u_2(x)g(x)\} + \{c_1f(x) + c_2g(x)\}$$

のように表すことができることを示している．ここでは，(14.17) の特殊解の求め方が (14.18) に示されているが，どんな方法であれ，非斉次方程式の特殊解が一つあれば，それに斉次方程式の一般解を加えることによって，非斉次方程式の一般解が得られる．

✤ 例 $y'' - y' - 2y = 1$

2 階線形微分方程式

$$y'' - y' - 2y = 1 \tag{14.20}$$

を解く．まず，付随する斉次方程式

$$y'' - y' - 2y = 0$$

を解くために，$y = e^{\alpha x}$ が解であるする．すると

$$\alpha^2 - \alpha - 2 = 0$$

となり，$\alpha = 2$ と $\alpha = -1$ が特性方程式の解である．したがって，$y = e^{2x}$ と $y = e^{-x}$ が斉次方程式の解となる．しかも，

$$\begin{aligned} W[e^{2x},\, e^{-x}](x) &= e^{2x}(e^{-x})' - (e^{2x})' e^{-x} \\ &= e^{2x}(-e^{-x}) - 2e^{2x}e^{-x} = -3e^{x} < 0 \end{aligned}$$

であるから 1 次独立である．(14.18) より，

$$\begin{aligned} u_1(x) &= -\int \frac{1 \times e^{-x}}{-3e^{x}} dt = \frac{1}{3}\int e^{-2t} dx = -\frac{1}{6}e^{-2x} \\ u_2(x) &= \int \frac{1 \times e^{2x}}{-3e^{x}} dx = -\frac{1}{3}\int e^{x} dx = -\frac{1}{3}e^{x} \end{aligned}$$

となる．したがって，

$$\begin{aligned} y &= \left(-\frac{1}{6}e^{-2x} + c_1\right) e^{2x} + \left(-\frac{1}{3}e^{t} + c_2\right) e^{-t} \\ &= -\frac{1}{6} - \frac{1}{3} + c_1 e^{2x} + c_2 e^{-x} \\ &= -\frac{1}{2} + c_1 e^{2x} + c_2 e^{-x} \end{aligned}$$

が求める解である．

実は，$y = -\dfrac{1}{2}$ が (14.20) の特殊解であることは，微分方程式の形から，見当をつけることによって見つけることができる．実際，左辺の導関数を計算して右辺の 1 となる y として x の多項式を考える．x^n の項があれば，$-2y$ に x^n の項がただ一つだけ現れるので $n = 0$ でなければならない．$y =$ 定数で等式が成り立つのは $y = -\dfrac{1}{2}$ である．特殊解であるこの解に斉次方程式の一般解を加えたものが一般解になる．

✤ 共鳴

例 14.2

$$y'' + y = \cos x \tag{14.21}$$

を解く．付随する斉次方程式

$$y'' + y = 0 \tag{14.22}$$

は (14.8) の $k = 1$ の場合であるから，その基本解として $y = \cos x$ と $y = \sin x$ をとることができる．

$$\begin{aligned} W[\cos x, \sin x](x) &= \cos x(\sin x)' - (\cos x)' \sin x \\ &= \cos^2 x + \sin^2 x = 1 \end{aligned}$$

であるから，倍角の公式 (4.4), (4.5) を使うことにより (14.18) を求めると，

$$\begin{aligned} u_1(x) &= -\int \frac{\cos x \sin x}{1} dx = -\int \frac{\sin 2x}{2} dx = \frac{\cos 2x}{4} \\ u_2(x) &= \int \frac{\cos t \cos x}{1} dx = \int \frac{\cos 2x + 1}{2} dx = \frac{\sin 2x}{4} + \frac{x}{2} \end{aligned}$$

となる．したがって，

$$y = \left(\frac{\cos 2x}{4} + c_1\right) \cos x + \left(\frac{\sin 2x}{4} + \frac{x}{2} + c_2\right) \sin x$$

が (14.21) の一般解となる．ここで

$$\begin{aligned} \frac{\cos 2x}{4} \cos x + \frac{\sin 2x}{4} \sin x &= \frac{2\cos^2 x - 1}{4} \cos x + \frac{2 \sin x \cos x}{4} \sin x \\ &= \frac{1}{4}\{2\cos^3 x - \cos t + 2(1 - \cos^2 x) \cos x\} \\ &= \frac{1}{4} \cos x \end{aligned}$$

であるから，定数 c_1, c_2 を取り替えることによって，

$$y = \frac{x}{2} \sin x + c_1 \cos x + c_2 \sin x$$

が (14.21) の一般解である．解の中に現れる $y = \dfrac{x}{2} \sin x$ は x が増加すれば振幅が増加する．これは斉次形の方程式の解 (単振動) の周期 2π と同じ周期 2π をもつ外力 $\cos x$ を加えたことによって生じた**共鳴**あるいは**共振**と呼ばれる現象である． ◇

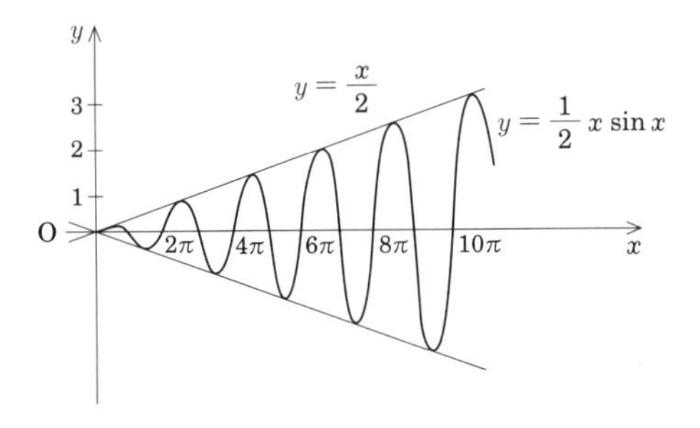

図 14.3 $y = \dfrac{x}{2}\sin x$ のグラフ

❖ 課外授業 14.1　線形性

線形という言葉は**線形空間**，**線形写像**として使われるのが代表的なものである．線形空間は数，ベクトル，関数のように，和と差，定数倍 (スカラー倍) が定義された空間 (集合) である．線形写像というのは，線形空間の元 x に線形空間の元 $y = T(x)$ を対応させる写像 T であって

$$T(x_1 + x_2) = T(x_1) + T(x_2), \quad T(cx) = cT(x)$$

を満たすものである．原点を通る直線 $y = ax$ は，実数 x に ax を対応させる写像と考えれば線形写像である．関数 f に導関数 f' を対応させる写像は $(af + bg)' = af' + bg'$ となるので線形である．また不定積分を対応させる写像も

$$\int \{af(x) + bg(x)\}dx = a\int f(x)dx + b\int g(x)dx$$

を満たすので線形である．

1 階および 2 階線形方程式 (13.6) および (14.1) の左辺を $L[y]$ とおけば

$$L[y_1 + y_2] = L[y_1] + L[y_2], \quad L[cy] = cL[y]$$

を満たし線形になっている．これがこのタイプの微分方程式を線形微分方程式と呼ぶ理由である．非斉次方程式は 1 階のとき $L[y] = Q(x)$，2 階のとき $L[y] = R(x)$，付随する斉次方程式は $L[y] = 0$ となる．

y_1 と y_2 を斉次方程式 $L[y] = 0$ の解とすれば，

$$L[c_1y_1 + c_2y_2] = c_1L[y_1] + c_2L[y_2] = 0$$

となって $c_1y_1 + c_2y_2$ も斉次方程式の解になる．したがって斉次方程式の解の全体は線形空間になる．これは**解空間**と呼ばれる．y_1 と y_2 が非斉次方程式の解とするとき，$z = y_1 - y_2$ とおけば，$L[z] = [y_1] - L[y_2] = Q(x) - Q(x) = 0$ となり，z は斉次方程式の解である．したがって，何らかの方法で非斉次方程式の一つの解 (特殊解) $g(x)$ が分かれば，非斉次方程式の一般解 (任意定数を含む解)$f(x)$ は

$$f(x) = g(x) + \{f(x) - g(x)\}$$

と分解され，$h(x) = f(x) - g(x)$ は任意定数を含む斉次方程式の一般解である．このことは

「非斉次方程式の一般解」

＝「非斉次方程式の特殊解」＋「付随する斉次方程式の一般解」

であることを示している．

❖ 課外授業 14.2　解の一意性

2 階線形微分方程式 (14.1) の解は §14.1 に述べたように，初期条件 $y(x_0) = y_0$, $y'(x_0) = v_0$ を満たす解はただ一つであることが示される．ここではこの初期条件よりもっと強い条件で一意性を証明しよう．$y = f(x)$ $(-\infty < x < \infty)$ と解 $y = g(x)$ $(-\infty < x < \infty)$ について，点 a を含む区間で $f(x) = g(x)$ が成り立てば，すべての点 x について $f(x) = g(x)$ が成り立つことを示すことができる．そのために，$h(x) = f(x) - g(x)$ とおくと，$y = h(x)$ は斉次方程式 (14.2) の解となり，$h(a) = h'(a) = 0$ を満たす．$G(x)$ を

$$G(x) = \int_a^x \{|h(t)| + |h'(t)|\}dt$$

によって定義すれば，$G'(x) = |h(x)| + |h'(x)|$ かつ $G(a) = 0$ が成り立つ．

$$(h(x) - G(x))' = h'(x) - (|h(x)| + |h'(x)|) \leqq 0$$

が成り立つから，$h(x) - G(x)$ は減少関数で，$a \leqq x$ のとき

$$h(x) - G(x) \leqq h(a) - G(a) = 0$$

となり，$h(x) \leqq G(x)$ $(a \leqq x)$ を得る．

$$(h(x) + G(x))' = h'(x) + (|h(x)| + |h'(x)|) \geqq 0$$

が成り立つから，関数 $h(x) + G(x)$ は増加関数で，$a \leqq x$ のとき

$$h(x) + G(x) \geqq h(a) + G(a) = 0,$$

したがって

$$h(x) \geqq -G(x) \qquad (a \leqq x)$$

を得る．こうして

$$|h(x)| \leqq G(x) \qquad (a \leqq x) \tag{14.23}$$

が成り立つことが分かった．c を $a < c$ を満たす数とする．不等式

$$|h''(x)| = |-P(x)h'(x) - Q(x)h(x)| \leqq |P(x)||h'(x)| + |Q(x)||h(x)|$$

と，$P(x)$ および $Q(x)$ は連続関数であるから，最大値・最小値の存在定理より

$$|h''(x)| \leqq (L-1)(|h(x)| + |h'(x)|) \qquad (a \leqq x \leqq c) \tag{14.24}$$

を満たす正数 L が存在する．

(14.23) を導いたのと同様にして，

$$|h'(x)| \leqq (L-1)G(x) \qquad (a \leqq x \leqq c) \tag{14.25}$$

がを導くことができる．(14.23) と (14.25) より

$$|h(x)| + |h'(x)| \leqq LG(x) \tag{14.26}$$

が成り立つ．x $(a < x \leqq c)$ を固定して $a \leqq s \leqq x$ ならば，s で微分して

$$\begin{aligned}(G(s)e^{L(x-s)})' &= (|h(s)| + |h'(s)|)e^{L(x-s)} - LG(s)e^{L(x-s)} \\ &= (|h(s)| + |h'(s)| - LG(s))e^{L(x-s)} \leqq 0\end{aligned}$$

であることより，関数 $G(s)e^{L(x-s)}$ は減少関数である．ゆえに

$$G(x) \leqq G(a)e^{L(x-a)} = 0 \qquad (a \leqq x \leqq c)$$

となり，(14.26) より

$$h(x) = 0 \qquad (a \leqq x \leqq c)$$

を得る．c $(a < c)$ は任意であることより

$$h(x) = 0 \qquad (a \leqq x < \infty)$$

となる．また

$$h(x) = 0 \qquad (-\infty < x \leqq a)$$

も同様に導くことができて

$$f(x) = g(x) \qquad (-\infty < x < \infty)$$

が示される．

最初の仮定「$f(x) = g(x)$ が点 a を含む区間で成り立てば,」は $f(a) = g(a)$，$f'(a) =$

$g'(a)$ のために必要なものです．したがって，仮定を「$f(a) = g(a)$，$f'(a) = g'(a)$」としても $f(x) = g(x)$ $(-\infty < x < \infty)$ となる．この一意性の定理を用いれば，§14.3 の $\mathbf{2}^\circ$ の結論は，ある区間に属する x において $f(x) \neq 0$ を満たす関数 $f(x)$ について成り立つということになる．

❖ 課外授業 14.3　キルヒホッフ[2)]の第 2 法則

「電気閉回路において電圧降下の総和はその回路の起電力の総和に等しい」を**キルヒホッフの第 2 法則**という．図 14.4 のような閉回路を考えよう．R (オーム[3)]) の抵抗，C (ファラド[4)]) のコンデンサー (蓄電器)，L (ヘンリー[5)]) のコイルがあり，起電力 $E(t)$ ボルト[6)]がかかって $I = I(t)$ (アンペア[7)]) の電流が流れるものとする．コンデンサーに蓄電された電気量を $Q = \displaystyle\int_0^t I(s)ds$ (クーロン[8)]) とする．電圧降下は抵抗，コンデンサー，コイルで起こり，それぞれ RI，$\dfrac{Q}{C}$，$L\dfrac{dI}{dt}$ である．したがって，キルヒホッフの第 2 法則は

$$L\frac{dI}{dt} + RI + \frac{Q}{C} = E(t)$$

である．ここで $\dfrac{dQ}{dt} = I$ であるから

---

2) グスタフ・ロベルト・キルヒホッフ (Gustav Robert Kirchhoff, 1824–1887) はドイツの物理学者．ガウスの弟子．

3) ドイツの数学者・物理学者のゲオルク・オーム (Georg Simon Ohm, 1789–1854) に因んだ抵抗の単位．

4) イギリスの物理学者・化学者マイケル・ファラデー (Michael Faraday, 1791–1867) に因んでつけられた静電容量の単位．

5) アメリカの物理学者ジョセフ・ヘンリー (Joseph Henry, 1797–1878) に因んだインダクタンスの単位．

6) イタリアの物理学者アレッサンドロ・ボルタ (Alessandro Volta, 1745–1827) に因んでつけられた電圧の単位．

7) フランスの物理学者・数学者アンドレマリ・アンペール (André–Marie Ampère, 1775–1836) に因んでつけられた電流の単位．

8) フランスの物理学者・土木技術者シャルル=オーギュスタン・ド・クーロン (Chareles–Augustin de Coulomb, 1736–1806) に因んでつけられた電荷の単位．

$$L\frac{d^2Q}{dt^2} + R\frac{dQ}{dt} + \frac{Q}{C} = E(t)$$

という 2 階線形微分方程式がキルヒホッフの第 2 法則を表す.

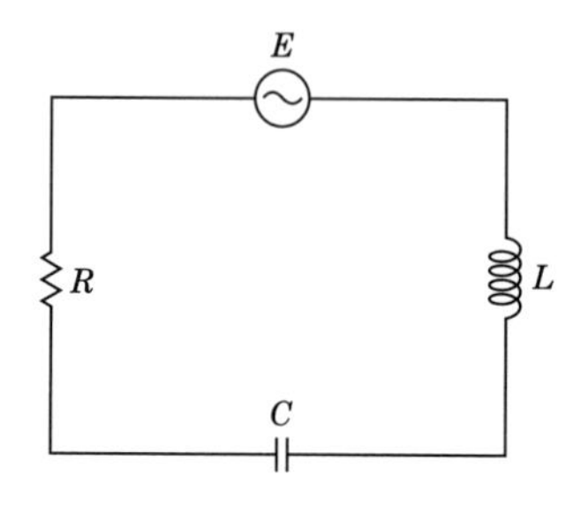

図 14.4　電気回路

演習問題 14

A. 確認問題

次のそれぞれの記述の正誤を判定せよ.

1. $(e^{ix})' = ie^{ix}$.

2. $y = e^{\alpha x}$ を線形微分方程式 $y'' - y = 0$ の解とすると $\alpha^2 - 1 = 0$ が成り立ち, $\alpha = \pm 1$ だから, $y = e^x$ と $y = e^{-x}$ は解であり,

$$W[e^x, e^{-x}](x) = e^x(-e^{-x}) - e^x e^{-x} = -2 < 0$$

を満たし, 1 次独立な解である.

3. $y = e^{\alpha x}$ を 2 階線形微分方程式 $y'' + y = 0$ の解とすると, $\alpha^2 + 1 = 0$ が成り立つ. $\alpha = \pm i$ だから, $y = e^{ix}$ と $y = e^{-ix}$ は $y'' + y = 0$ の解であり, c_1, c_2 を定数とするとき

$$\begin{aligned} y &= c_1 e^{ix} + c_2 e^{-ix} \\ &= c_1(\cos x + i\sin x) + c_2(\cos x - i\sin x) \\ &= (c_1 + c_2)\cos x + i(c_1 - c_2)\sin x \end{aligned}$$

も $y'' + y = 0$ の解だから, $y = \cos x$ と $y = \sin x$ は $y'' + y = 0$ の解であるが, 1 次独立ではない.

4. $y = e^{\alpha x}$ を 2 階線形微分方程式 $y'' - 2y' + y = 0$ の解とすると

$$\alpha^2 - 2\alpha + 1 = 0$$

が成り立つ. この 2 次方程式の解は $\alpha = 1$ が重根である . したがって, $y = e^x$ は微分方程式の解であるが, さらに, $y = xe^x$ も微分方程式の解になっており, $y = e^x$ と $y = xe^x$ は 1 次独立である.

5. 微分方程式

$$y'' - 2y' + 2y = 0$$

の特性方程式の解は $t = 1 \pm i$ だから, $y = e^x \cos x$ と $x = e^x \sin x$ がこの微分方程式の基本解である.

さらに, 微分方程式

$$y'' - 2y' + 2y = e^x$$

を解くには,

$$u_1(x) = -\int \frac{e^{2x}\sin x}{e^{2x}}dx = -\int \sin x dx = \cos x$$
$$u_2(x) = \int \frac{e^{2x}\cos x}{e^{2x}}dx = \int \cos x dx = \sin x$$

だから,

$$\begin{aligned} y &= (\cos x + c_1)e^x \cos x + (\sin x + c_2)e^x \sin x \\ &= e^x + c_1 e^x \cos t + c_2 e^x \sin x \end{aligned}$$

が解である.

演習問題解答とヒント

1 章 (p.21)

A.

1	2	3	4	5	6	7	8	9	10
誤	正	誤	誤	誤	誤	正	正	正	誤

1. [§1.2] ∞ は数ではない． **2.** [§1.4] **3.** [§1.5] 0 は値域に入らない． **4.** [§1.5] $-1 \leqq x \leqq 1$ では $0 \leqq y \leqq 1$ である． **5.** [§1.5] **6.** [§1.8] $y = x^2$ はその定義域全体では 1 対 1 ではない． **7.** [§1.8] **8.** [§1.8] **9.** [§1.8] **10.** [§1.5]

B. 1. (1) -2 (2) $-\dfrac{5}{4}$ (3) $a^2 - a - 2$ **2.** (1) $y = 2x + 1$ (2) $y = \sqrt{x-1}$ $(x \in [1,\, 5])$

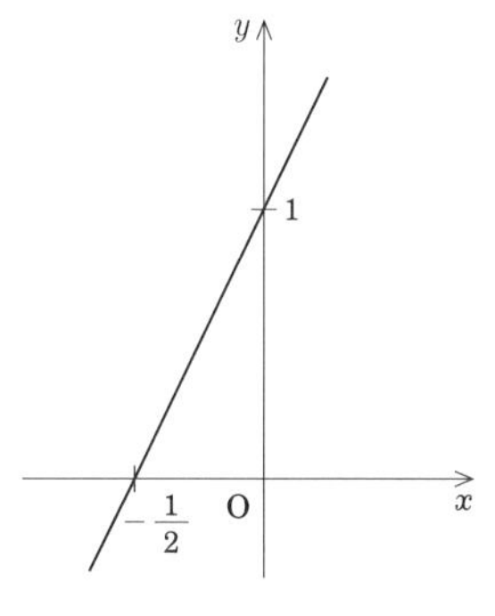

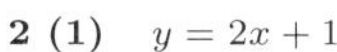
2 (1) $y = 2x + 1$

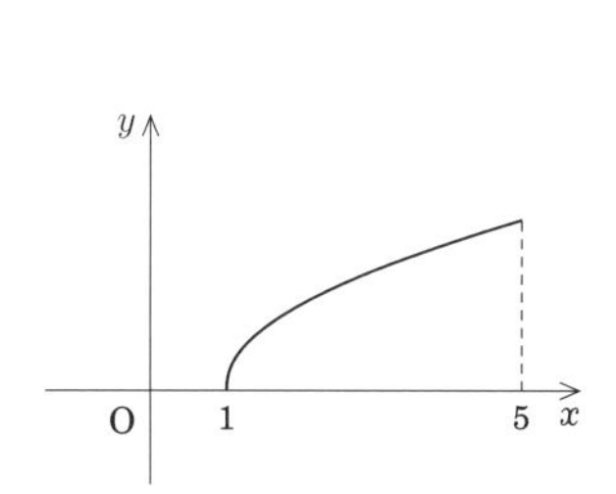

2 (2) $y = \sqrt{x-1}$ $(x \in [1,\, 5])$

2 章 (p.48)

A.

1	2	3	4	5	6	7
誤	正	誤	正	正	誤	正

1. [§2.3] 例えば $[0,1)$ は有界であるが最大値がない． **2.** [§2.3] **3.** [§2.3] $\inf B = 0$ **4.** [§2.3] **5.** [§2.3] **6.** [§2.6] 整数 n においては，右極限値が n，左極限値が $n-1$ である． **7.** [§2.8]

B.1. $x^3 - 8 = (x-2)(x^2+2x+4)$ として約分する．12 **2.** $x^2 - 3 = (x-\sqrt{3})(x+\sqrt{3})$ として約分する．$\dfrac{1}{2\sqrt{3}}$ **3.** $-\dfrac{1}{4}$ **4.** 分母は $\to +0$，分子は $\to 2$ となり，∞

に発散　**5.** $-\infty$ に発散.　**6.** 分母，分子を x で割る．∞ に発散　**7** と **8** は分母，分子を n で割る．**7.** 2　**8.** 0

3 章 (p.62)

A.

1	2	3	4	5	6	7	8	9	10
誤	正	誤	誤	誤	正	誤	正	正	正

1. §3.1 $x^6=2$ となる正の実数.　**2.** §3.1　**3.** §3.1　**4.** §3.3 値域は $(0, \infty)$　**5.** §3.2　**6.** §3.3　**7.** §3.4　x_1, x_2 は正でなければならない.　**8.** §3.4　**9.** §3.4　**10** §3.6

B. 1. $\log_{1/a} x = y \iff x=(1/a)^y = a^{-y} \iff y = -\log_a x$　**2.** $\log_{10} 25 = \log_{10}(10/2)^2 = 2(\log_{10} 10 - \log_{10} 2) = 2(1-a)$　**3.** $(1+ah)^{1/h} = \{(1+ah)^{1/(ah)}\}^a \to e^a$

4 章 (p.81)

A.

1	2	3	4	5	6	7	8	9	10
正	正	誤	正	誤	正	正	正	誤	正

1. §4.2　**2.** §4.2　**3.** §4.1 $\sin(\pi/2)=1$　**4.** §4.1　**5.** §4.8　**6.** §4.7　**7.** §4.7　**8.** §4.8, §4.7　**9.** §4.7 $y=\sin x$ の定義域は $(-\infty, \infty)$ であるが，$x=\sin^{-1} y$ の値域は $(-\pi/2, \pi/2)$．例えば $\sin^{-1}(\sin(13\pi/6)) = \sin^{-1}(1/2) = \pi/12$　**10.** §4.7

B. 1. $A\sin(x+\phi) = A\sin x\cos\phi + A\cos x\sin\phi = \sqrt{3}\sin x + \cos x$ より $A = A\sqrt{\sin^2\phi + \cos^2\phi} = \sqrt{4} = 2$，$\phi = \tan^{-1}((A\sin\phi)/(A\cos\phi)) = \tan^{-1}(1/\sqrt{3}) = \pi/6$　**2.** $e^{3xi} = (e^{ix})^3 = (\cos x + i\sin x)^3 = (\cos^3 x - 3\cos x\sin^2 x) + i(3\cos^2 x\sin x - \sin^3 x)$ より $\cos 3x = \cos^3 x - 3\cos x\sin^2 x$, $\sin 3x = 3\cos^2 x\sin x - \sin^3 x$ となり，これを $\cos^2 x + \sin^2 x = 1$ を用いて変形する.

5 章 (p.96)

A.

1	2	3	4	5	6	7	8	9
正	正	誤	正	正	誤	誤	誤	正

1. §5.2 **2.** §5.2 **3.** §5.4 **4.** §5.3 **5.** §5.3 **6.** §5.2 $\dfrac{\log(1+h)^{1/h}}{1+h} = \dfrac{\{\log(1+h)^{1/h}\}/h}{(1+h)/h} \to e$ **7.** §5.6 **8.** §5.6 **9.** §5.6

B. 1. $y = \cos^{-1} x$ とおけば $x = \sin y$ $(0 \leqq y \leqq \pi)$ であり $\sin y \geqq 0$. $-1 < x < 1$ において $\dfrac{dy}{dx} = \dfrac{1}{dy/dx} = -\dfrac{1}{\sin y} = -\dfrac{1}{\sqrt{1-x^2}}$ **2.** $y = \sqrt[n]{x}$ とおけば，$x = y^n$ であるから $\dfrac{dy}{dx} = \dfrac{1}{dx/dy} = \dfrac{1}{ny^{n-1}} = \dfrac{1}{n}y^{1-n} = \dfrac{1}{n}(x^{1/n})^{1-n} = \dfrac{1}{n}x^{\frac{1}{n}-1}$

6 章 (p.106)

A.

1	2	3	4	5	6	7	8	9	10
誤	誤	誤	正	誤	誤	正	正	誤	誤

1. §6.1 **2.** §6.4 **3.** §6.5 **4.** §6.7 **5.** §6.9 **6.** §6.12 **7.** §6.11 **8.** §6.15 **9.** §6.15 **10.** §6.16 $\sqrt{1-x}$ の定義域は $(-\infty, 1]$，$\log(1+x)$ の定義域は $(-1, \infty)$．ゆえに $(-1, 1]$ が定義域である．

B.1. $(0, 1) \cup (1, \infty)$ **2.** $(-\infty, -1) \cup (-1, 1) \cup (1, \infty)$

7 章 (p.119)

A.

1	2	3	4	5	6	7	8	9
誤	誤	正	誤	誤	正	正	誤	誤

1. §7.1, §6.7 右辺は $3x^2\cos x - x^3 \sin x$. **2.** §7.1 の (4) **3.** §7.1 **4.** §7.1 右辺は $2x\cos(x^2+1)$. **5.** §7.1 右辺は $-\sin x \cos(\cos x)$ **6.** §5.15, §7.1 **7.** §7.1, §7.2 **8.** §7.4 右辺は $f''(x)g(x) + 2f'(x)g'(x) + f(x)g''(x)$ **9.** §7.4 $(\sin x)''' = -\sin x$

B.1 $y' = 2x\sin x + x^2\cos x$，$y'' = 2\sin x + 4x\cos x - x^2 \sin x$ **2.** $y' = 3x^2 e^{x^3}$，$y'' = (6x + 9x^4)e^{x^3}$ **3.** $y' = -1/\sqrt{a^2 - x^2}$

8 章 (p.137)

A.

1	2	3	4	5	6	7
誤	正	正	誤	誤	誤	誤

1. §8.1 $f'(0)=1/2$, $\sqrt{1+x}=1+\dfrac{x}{2}+o(x)$ **2.** §8.1 **3.** §8.1 **4.** §8.2 $\cos x=1-(\sin(\theta x))x$ **5.** §8.3 $y=-1+1(x-1)=x-2$ **6.** §8.4 $f''(1)<0$ だから上に凸 **7.** §8.5 $f''(0)>0$ だから極小値.

B. 1. $f'(x)=3x^2+2x=0$ となるのは $x=-2/3$ と 0 であり，$f''(x)=6x+2$ であるから $f''(-2/3)=-2<0$，$f''(0)=2>0$ となり，$x=-2/3$ で極大値 $f(-2/3)=4/27$. $x=0$ で極小値 $f(0)=0$ **2.** $f'(x)=(2x-x^2)e^{-x}=0$ となるのは，$x=0,2$. $f''(x)=(2-4x+x^2)e^{-x}$ より，$f''(0)=2>0, f''(2)=-2e^{-2}<0$ であるから，$x=0$ で極小値 $f(0)=0$ をとり，$x=2$ で極大値 $f(2)=4e^{-2}$.

9 章 (p.151)

A.

1	2	3	4	5	6	7	8
誤	正	誤	誤	正	誤	誤	正

1. §9.3 $2x\sqrt{x}/3$ **2.** §9.3, §9.6 **3.** §9.3 $e^{3x}/3$ **4.** §9.3 $-\cos x$

5. §9.3 **6.** §9.3 $(1/2)\log(\sin^2 x+1)$ **7.** §9.4 $f(x)g(x)-\displaystyle\int f(x)g'(x)dx$

8. §9.5

B.1. $\displaystyle\int(\log x+1)^2dx=x(\log x+1)^2-\int 2(\log x+1)dx=x(\log x+1)^2-2x(\log x+1)+\int 2dx=x(\log x+1)^2-2x(\log x+1)+2x.$ **2.** $t=\sqrt{1+x}$ とおくと，$x=t^2-1$，$\dfrac{dx}{dt}=2t$ であるから，$\displaystyle\int x\sqrt{1+x}dx=\int(t^2-1)t\cdot(2t)dt=\int 2(t^4-t^2)dt=2(t^5/5-t^3/3)=(2/15)t^3(3t^2-5)=(2/15)(x+1)(3x-2)\sqrt{x+1}$ **3.** 時刻 t におけるボールの位置を $(x(t),\,y(t))$ とすると，初期位置は $(0,\,0)$，初速度は $(10\cos\theta, 10\sin\theta)$ であるから，$(x'(t),\,y'(t))=(10\cos\theta,\,-9.8t+10\sin\theta)$，$(x(t)\,,y(t))=(10t\cos\theta,\,-4.9t^2+10t\sin\theta)$. t を消去すれば $y=-(9.8/200\cos\theta)x\{x-(100/9.8)\sin 2\theta\}$. 地上に到達する位置は $x=(100/9.8)\sin 2\theta$ であるから $\sin 2\theta=1$，すなわち $\theta=\pi/4$ のとき x は最大となる．y の最大値は $(50/9.8)\sin^2\theta$ であるから，$\theta=\pi/2$ のとき最大になる.

10 章 (p.165)

A.

1	2	3	4	5	6	7	8	9
誤	誤	誤	正	誤	誤	誤	正	正

1. $\boxed{\S 10.3}$ $\int_a^b f(x)dx = F(b) - F(a)$ **2.** $\boxed{\S 10.2}$ $\int x^4 dx = x^5/5$ であるから $\int_1^2 x^4 dx = 2^5/5 - 1^5/5 = 31/5$. **3.** $\boxed{\S 10.2}$ $\int \sin x dx = -\cos x$ であるから $-\cos(\pi/2) + \cos 0 = 1$ **4.** $\boxed{\S 10.2}$ **5.** $\boxed{\S 10.5}$ 一般に成り立つのは $\int_a^b f(x)dx = -\int_b^a f(x)dx$ であって，与式は一般には成り立たない． **6.** $\boxed{\S 10.2}$ $f(x) = g(x) = x$ とすれば，$\int_0^1 x \cdot xdx = 1/3$, $\left(\int_0^1 xdx\right)\left(\int_0^1 xdx\right) = 1/4$ **7.** $\boxed{\S 10.6}$ $= f(x)$ **8.** $\boxed{\S 10.4}$ 微分積分学の基本定理と合成関数の導関数. **9.** $\boxed{\S 10.4}$

B. 1. $\int_0^{\pi/4} x\cos xdx = \int_0^{\pi/4} x(\sin x)'dx = \Big[x\sin x\Big]_0^{\pi/4} - \int_0^{\pi/4} \sin xdx = \frac{\pi}{4}\sin\frac{\pi}{4} + \Big[\cos x\Big]_0^{\pi/4} = \frac{\pi}{4}\frac{1}{\sqrt{2}} + \cos\frac{\pi}{4} - \cos 0 = \frac{\pi}{4\sqrt{2}} + \frac{1}{\sqrt{2}} - 1$. **2.** $t = \sqrt{2-x}$ とおくと $x = 2 - t^2$, $\frac{dx}{dt} = -2t$ である. $\int_0^2 x^2\sqrt{2-x}dx = \int_{\sqrt{2}}^0 (2-t^2)^2 t(-2t)dt = \int_0^{\sqrt{2}} 2(t^6 - 4t^4 + 4t^2)dt = 2\left[\frac{t^7}{7} - \frac{4t^5}{5} + \frac{4t^3}{3}\right]_0^{\sqrt{2}} = 2\left(\frac{8\sqrt{2}}{7} - \frac{16\sqrt{2}}{5} + \frac{8\sqrt{2}}{3}\right) = \frac{128\sqrt{2}}{105}$.
3. $\int_1^e \log xdx = \int_1^e (x)'\log xdx = \Big[x\log x\Big]_1^e - \int_1^e x \times \frac{1}{x}dx = e\log e - \Big[x\Big]_1^e = e - e + 1 = 1$. **4.** $t = \cos x$ とおくと，$\frac{dt}{dx} = -\sin x$ であり，$\int_0^{\pi/2} \sin^3 xdx = \int_0^{\pi/2} (1-\cos^2 x)\sin xdx = \int_1^0 (1-t^2)(-dt) = \int_0^1 (1-t^2)dt = \left[t - \frac{t^3}{3}\right]_0^1 = 1 - \frac{1}{3} = \frac{2}{3}$.

11 章 (p.184)

A.

1	2	3	4	5	6
誤	誤	正	誤	正	誤

1. $\boxed{\S 11.3}$ $\frac{1-(1/3)^{21}}{1-1/3}$ **2.** $\boxed{\S 11.4}$ $0.999\cdots = 1$ **3.** $\boxed{\S 11.5}$ **4.** $\boxed{\S 11.5}$

5. $\boxed{\S 11.3}$ **6.** $f(x) = 1 + x + x^2$.

13 章 (p.207)

A.

1	2	3	4	5	6	7	8
正	正	誤	正	誤	誤	正	正

1. §13.2 **2.** §13.2 $y^2y' = (x^2+1)/x$ **3.** §13.2 **4.** §13.3 **5.** §13.3

6. §13.4 (13.10) 参照 **7.** §13.4 **8.** §13.4

14 章 (p.231)

A.

1	2	3	4	5
正	正	誤	正	正

1. §14.3 **2.** §14.3 **3.** §14.3,4 $y = \sin x$ と $y = \cos x$ は 1 次独立.

4. §14.3,4 **5.** §14.4,5

あとがき

微分積分学には学習すべき項目が多く，それらが数学論理のもとで関連しているので，すっきりとは理解できないこともあるのではないかと思います．しかし，そうした不満を大切にして，本書をくり返し読み直していただくことをおすすめします．数学の学習においては，くり返すことによって，数学概念，数学記号，数学論理に慣れることが重要であるからです．

本書では取り扱わなかった 1 変数関数の微積分に関する事項として，不定形の極限値，曲線の長さ，無限区間における積分，特異積分などがあります．また，微積分の学習において大切である自ら計算できる能力を身につけることに，必ずしも十分な力点を置いていませんでした．こうした本書で不足した部分については，他の成書を用いて学習を継続していただくことをおすすめします．

参考図書

[1] 押川元重『テキスト　微分積分——電子ファイルがサポートする学習』サイエンスライブラリ数学=34，サイエンス社，2013

[2] B・オーシュコルヌ，D・シュラットー (熊原啓作訳)『世界数学者事典』日本評論社，2015

[3] 熊原啓作『入門微分積分学 15 章』日本評論社，2011

[4] 熊原啓作，押川元重『微分と積分』放送大学教育振興会，2010

[5] 熊原啓作，室政和『微分方程式への誘い』放送大学教育振興会，2011

[6] 赤攝也『実数論講義』SEG Collection，SEG 出版，1996

[7] 竹之内脩『常微分方程式』使える数学シリーズ 4，秀潤社，1977

[8] 田代嘉宏，熊原啓作『微分積分』基礎演習シリーズ，裳華房，1989

[9] M・ブラウン (一樂重雄，河原正治，河原雅子，一樂祥子訳)『微分方程式——その数学と応用 (上・下)』丸善出版，2012

[10] R・ベルマン，K・L・クーケ (竹之内脩，奥野義記訳)『初等常微分方程式』現代数学社，1978

索 引

●サ行

●タ行

●ナ行

●ハ行

●マ行

●ヤ行

●ラ行

●ワ行

熊原啓作
くまはら・けいさく
1942 年，兵庫県に生まれる．
1965 年，岡山大学理学部卒．
現在，鳥取大学名誉教授・放送大学名誉教授・理学博士 (大阪大学)．
著書に，
『行列・群・等質空間』(日本評論社)
『数学者ソーフス・リー——リー群とリー環の誕生』(翻訳，丸善出版)
などがある．

押川元重
おしかわ・もとしげ
1939 年，宮崎県に生まれる．
1961 年，九州大学理学部卒．
現在，九州大学名誉教授・理学博士 (九州大学)．
著書に，
『数理計画法入門』
『数学からはじめる電磁気学』(いずれも共著，培風館)
などがある．

初学(しょがく) 微分(びぶん)と積分(せきぶん)

2017 年 3 月 20 日　第 1 版第 1 刷発行

著者——熊原啓作
　　　押川元重
発行者——串崎 浩
発行所——株式会社　日本評論社
〒 170-8474 東京都豊島区南大塚 3-12-4
電話　(03)　3987-8621 [販売]
　　　(03)　3987-8599 [編集]
印刷——藤原印刷株式会社
製本——株式会社難波製本
ブックデザイン——林 健造

ISBN 978-4-535-78841-1